高等院校服装设计专业教材

创意服装设计

黄嘉 编著

A SERIES OF DRESS DESIGN

国家一级出版社
全国百佳图书出版单位
西南师范大学出版社
XINAN SHIFAN DAXUE CHUBANSHE

图书在版编目(CIP)数据

创意服装设计／黄嘉编著.－重庆：西南师范大学出版社，2009.3(2012.3重印)

中国高等院校服装设计专业教材

ISBN 978-7-5621-4429-8

I.创… II.黄… III.服饰－设计－高等学校－教材

IV.TS941.2

中国版本图书馆CIP数据核字（2009）第036314号

中国高等院校服装设计专业教材

创 意 服 装 设 计

编 著 者：黄 嘉
责 任 编 辑：王正端　王石丹
整 体 设 计：向海涛　王正端
出 版 发 行：西南师范大学出版社
经　　　销：新华书店
制　　　版：重庆海阔特数码分色彩印有限公司
印　　　刷：重庆康豪彩印有限公司
开　　　本：889×1194　1/16
印　　　张：7.5
字　　　数：240千字
版　　　次：2009年5月　第1版
印　　　次：2012年3月　第2次 印刷
ISBN：978-7-5621-4429-8
定　　　价：45.00元

本书部分作品因无法联系作者，客观上不能按照法律规定解决版权问题，我社已将该部分作品的稿酬转存于重庆市版权保护中心，请未收到稿酬的作者与其联系。

重庆市版权保护中心地址：重庆江北区杨河一村78号10楼（400020）
　　　　　　　　　　　电话(传真)：(023)67708230

出版、发行高校艺术设计专业教材敬请垂询选题策划中心、艺术分社
本书如有印装质量问题，请与我社读者服务部联系更换。
读者服务部电话：(023)68252507
市场营销部电话：(023)68868624　68253705
艺术教育分社电话：(023)68254107　68254353

序   袁仄

耐人寻味的是，人类除了"食""色"之外，最熟悉的东西也许当数服装了，事实也是如此。几乎所有人自降世以来便被"衣"这种东西包裹，从此相伴终生。所以衣着行为是人类最普遍的行为，但是衣裳却平凡得让人忽视，甚至轻视。

大约20年前，改革开放初期，高校刚刚要开设服装专业时，某些人竟大惊失色。有人不无轻蔑地认为："小裁缝岂能登大学讲堂！"其实谬也。

服装，倒是颇有资格将自身视为一门学科，一门边缘学科。它涉及面甚广，包含有材料、结构、工艺、设计、色彩、图案、构成、美学、史学、人类学、社会学、心理学，还有服装CAD、营销、CI、展示等等，有时很难将其归为艺科或是工科。毋庸置疑，服装作为人类生产、生活本身的实践已存在了几千年，但对其理论的探究，则是较晚才开始的。

最早讨论服装理论的是哲学家、人类学家和美学家。他们关注的是人为什么穿衣，也就是服装的起源和功能。黑格尔(Hegel)在他那部三卷《美学》里提到："时髦样式的存在理由就在于它对有时间性的东西有权利把它不断地革旧翻新。"诚然，这说得十分富有哲理性。他又说："除掉艺术的目的以外，服装的存在理由一方面在于防风御雨的需要，大自然给予动物皮革羽毛而没有以之予人；另一方面是羞耻感迫使人用服装把身体遮盖起来。"不过，他的德国同胞，人类学家格罗塞(E·Grosse)认为："……所以遮羞的衣服之起源不能归之于羞耻的感情，而羞耻感的起源倒可以说是穿衣服的这个习惯的结果。"这是他在《艺术的起源》中的精彩议论。以后，像弗吕格尔(J·C·Flugel)、拉弗(J·Laver)等学者都在服装的心理、美学等理论的深层层面作出了卓越的成就。

服装设计教育的逐步完善是在第二次世界大战以后。现代设计教学晚于设计本身也是十分正常的。因为工业设计的教育仅仅始于上20世纪20年代的德国包豪斯。可以作为工业设计范畴的现代服装设计也是从这一体系里派生出来的。人们从服装的板型、裁剪工艺逐步上升到对设计的理念、史论的研究与现代营销手段的研究，从纤维材料到服装销售、从流行趋势把握到衣着行为研究，这是个教学体系，也是一项系统工程。

中国的服装教育是在困难和某些偏见中探索成长的，并已经取得了一些成果。我们有艺科的模式，也有工科的模式，这与发达国家的服装教育类似。但我们尚未建立起我们中国特色的模式和各院校的特色模式，这正是我们编撰该丛书的宗旨之一。

本套丛书聘请了国内诸多服装院校的教授参与编著，其内容涵盖了服装教学的诸多方面。当然，我们不奢望成就一座大厦，但愿意为之添砖加瓦。

编 委

主 编　　袁　仄：北京服装学院服装系　　　　　　　　　　　　教　授

　　　　　　陈　飞：南京艺术学院服装系　　　　　　　　　　　　教　授

　　　　　　余　强：四川美术学院设计学院　　　　　　　　　　　教　授

编 委　　包铭新：上海东华大学服装学院　　　　　　　　　　　教　授

　　　　　　李当歧：清华大学美术学院　　　　　　　　　　　　　教　授

　　　　　　刘元风：清华大学美术学院　　　　　　　　　　　　　教　授

　　　　　　田　清：清华大学美术学院　　　　　　　　　　　　　教　授

　　　　　　胡　月：北京服装学院服装系　　　　　　　　　　　　教　授

　　　　　　张晓凌：中国艺术研究院　　　　　　　　　　　　　　研 究 员

　　　　　　区伟文：香港理工大学纺织制衣学院　　　　　　　　　副 教 授

　　　　　　陈　莹：苏州大学艺术学院　　　　　　　　　　　　　教　授

　　　　　　廖爱丽：广州美术学院设计系　　　　　　　　　　　　教　授

　　　　　　吴　洪：深圳大学服装学院　　　　　　　　　　　　　副 教 授

　　　　　　史　林：苏州大学艺术学院　　　　　　　　　　　　　教　授

　　　　　　牟　群：四川美术学院美术学系　　　　　　　　　　　副 教 授

　　　　　　黄　嘉：四川美术学院设计学院　　　　　　　　　　　教　授

　　　　　　龚建培：南京艺术学院设计分院　　　　　　　　　　　副 教 授

　　　　　　朱建辉：云南艺术学院设计艺术系　　　　　　　　　　副 教 授

　　　　　　吴简婴：江苏雅鹿高级职业服装设计有限公司　　　　　高级设计师

　　　　　　罗亚平：立雅高级毛衫有限公司　　　　　　　　　　　高级设计师

　　　　　　诸艺萌：江苏省服装总公司　　　　　　　　　　　　　高级设计师

■ 前 言

　　"创意服装设计"在这里专指服装设计教育过程中,为启发学生原创性设计思维而开设的一门课程。它不同于高级时装、高级成衣、职业装等针对某类特定人群的实用服装设计,而是与当代的文化、艺术、观念、概念、想象、未来、理想等这些抽象字眼更为贴近的教学理念。"创意服装"离现实和生活有一定的距离,是更为艺术化、理想化的服装设计。

　　在这门课程中,了解前人的成就,丰富我们的知识;观察现今的生活,建立自己的信心;放眼将来,探索世界的神秘与未来生活所需。本书的重点是激发学生创意的勇气,认识到在创意的空间中,没有什么是不可能的,关键是我们的思想能否到达我们所希望的彼岸。

　　本课程的教学空间不仅仅局限于课堂,也不仅仅是知识和技能的灌输,而是试图营造一个立体化、全方位的学习空间。我们的学习空间必须有这样一些特征:有休息的空间,使我们的想象力得到极大的释放;有补给营养品的空间,里面有丰富的信息和上乘的专业知识;甚至还有当某人感到锋芒毕露时可以藏身的空间,以便能够帮助学生们处理教育探险行程中的危险;有自由诉说的空间,既鼓励个人表达意见,也欢迎团体的意见,让学生能在这里真正找到表达内心想法的机会,无论他们的意见正确与否,或能否让别人认同,都应该受到极大的欢迎。学生如果不能表达自己的想法、情感、困惑甚至是偏见的时候,学习将是不存在的。"实际上,只有当人们能够说出自己的想法时,教育才会产生。教师的任务是倾听群体的意见是什么,并且一次次地把团体的意见形成智慧思想回馈给团体。"(《教学的勇气》)这个空间还应该是心灵塑造的空间,老师与学生共同努力,真诚相对,以教师真诚的教学之心换取学生真诚的学习之心。

　　本书在第二章介绍了服装设计的基本概念;第四章详细介绍了设计的程序和方法;第五章内容为服装风格形象,第六章是学生作业安排以及分析;第七章是大师及其作品分析,其中列举了十位在时尚界勇于探索的设计师。从这些大师的人生经历以及作品中可以看出,凡是成功的设计师,都始终坚持艺术与创新的设计理念,坚持自己的个性特质,融合时代特征并从中寻求个人与社会大众的平衡。

　　值得一提的是,在教学中我们遵从的不是一个固定的模式,而是根据学生的不同个性,以每一个人不同的工作方式来利用书中提到的原理和实例。希望我的努力能带给大家愉快和帮助。由于本人对本书投入的时间有限,很多章节没有反复推敲,难免有疏漏与不当,请读者谅解并给予指正。

　　本书所用的图片已经在书中标明作者,个别学生作者以及网络图片作者,由于姓名无从查找而没有标注,在此致歉。感谢我的学生们,他们的积极配合使某些实验性课程得以有声有色地进行,他们创作的作品丰富了本书的内容;感谢西南师范大学出版社的大力支持使本书得以顺利出版。

目录

第一章 概论 1
第二章 概念 3
 一、服装的分类 3
 二、创意服装设计的分类 8
 三、创意 9
 四、服装创意设计 10
第三章 创造力思维空间 11
 一、实验空间 11
 二、想象思维空间 13
 三、联想思维空间 14
 四、反向思维空间 18
 五、错视空间 19
 六、自由讨论空间 25
 七、进入设计大师的空间 26

第四章 创意设计 27
 一、设计理念的建立 27
 二、形式创意 40
 三、色彩创意 45
 四、材料创意 51
 五、结构和工艺创新 57
 六、创意设计的装饰美感 59
第五章 风格形象 68
 一、古典风格 68
 二、前卫风格 69
 三、高贵雅致的风格 76
 四、运动的风格 76
 五、浪漫、柔美的风格 77
 六、男子气的风格 78
 七、现代风格 79
 八、民族民俗风格 80
 九、回归自然的田园风格 82

第六章 教学计划与作业安排 83
 一、教学目标 83
 二、学时 83
 三、教学计划 83
 四、授课形式 83
 五、作业内容与步骤 84
 六、两例作业分析 95
第七章 服装设计大师作品 103
 一、Hussein Chalayan 103
 二、Karl Lagerfeld 104
 三、Christian Lacroix 105
 四、Jean Paul Gaultier 107
 五、John Galliano 108
 六、Alexander McQueen 109
 七、Viktor & Rolf 110
 八、Vivienne Westwood 111
 九、Yohji Yamamoto 112
 十、Comme des Garcon 113
主要参考文献 114

第一章

概 论

创意是精神与物质的需要，它非常清晰地体现在工业、建筑、艺术、音乐之中，体现在生活的方方面面。"创意服装设计"是基于人们对服装新款式的渴望而产生的。这种渴望促使了时装的不断变化，没有变化就没有时装。在大千世界、芸芸众生之中，每个人都有不同的风格，每个人都希望不同于其他人，所以标新立异在设计创新中显得尤其重要，只有千变万化才有市场。不断变化和标新立异都是在创造性思维前提下产生的，那么创造性思维的培养自然成为时装设计的重要课题。

高等院校开设"创意服装设计"，是以启发和培养学生原创性思维为目的的课程。在教学中，通过想象思维训练、联想思维启发、逆向思维启发、错视空间训练、解构和组合训练、设计创新、设计构思创新、信息采集、材料构成、结构设计、工艺设计、化妆、展示等一系列训练，完成从设计到制作出成品的全过程，提高学生的原创设计能力和动手能力。教学大纲要求学生明确创意服装设计概念及与日常设计的区别和联系，明确创意服装设计与历史、现实、文化宗教、未来、科技之间的关系，通过对大师服装、传统服装、过时服装及异国文化的研究，创造出新的服装面貌。

由于人类有了创造性，世界才得以不断变化和发展，生活才变得如此美好。创造能使我们的内心产生愉悦的情感，要想生活得美好，去创造吧！要想愉悦，去创造吧！创意是打破常规去思考问题，也是将现实和非现实中的一些幻象抽离出来。它具有天马行空驰骋幻想，无拘无束标新立异的特性。它表现出来的意味和形式，可以唤醒观者心灵某个求新求变的角落，从而产生共鸣，使人惊奇、激动或新鲜。"创意"是思考、是幻象、是调侃或者游戏。将"创"与"造"分开来理解，"创造"先是有了幻象，然后把它造出来，如果只有"创"没有"造"，不过是无意义的想入非非。因此，创造也是一种实践活动，是在不断的思考和实践，不断的否定与肯定中建立的艺术活动。

创造性思维的基础是丰富的知识积累，因此需要具备广博的知识结构，人文的、历史的、现实的和未来的都要涉及，上知天文，下知地理，要了解文化和艺术。知识的学习还要尖深，要深入钻研专业知识，真正地学进去，力争成为某个专业的专家，构建深厚的文化底蕴。另外要加强技能的学习，有了好的想法，没有技术的支撑，新想法也不可能实现。最关键的是智慧的学习，有智慧的人，除了有知识以外，还要善于将所学的知识融会贯通于实际运用，这才是学习的最终目的。有知识并不等于有智慧，如果不能将知识融会贯通，只会学不会用，便无智慧、无创造可言。所以，学习的智慧在于运用、在于创造。有了知识不会做人，一切都是枉然。学会与人相处，与人合作，与人为善，这才是智慧的人。学习也分层次，为文凭而学，为就业而学，为谋生而学，仅仅是一种低层次的学习；为兴趣而学，为心灵的需求而学，在学习中与天地自然对话，与前人对话，与社会对话，让心灵摆脱躯体的羁绊，在自由世界中驰骋从而获得智慧、灵感、愉悦，这才是更高层次的学习。只有自觉的，充满兴趣的学习，才会事半功倍；只有真正钻研其中才能有新的发现，才能到达创造力的基础之上。

　　教师自己的内心世界，是教学的关键，并不是读的书多就一定能掌握制胜的法宝。普罗克汝斯特斯是希腊传说故事中的妖怪，表面上看起来是一个极其和善的人。他将所有路过他房子的客人请到家里热情款待，让他们在他屋里的床上放松疲惫的筋骨，结果却利用他的魔床杀死过往旅客。他要求客人与他的"床"的大小正好合适，如果客人的腿或脚超出了床的范围，他就将其砍掉；如果客人太矮，他就将客人拉长直至将人折磨死。这个故事告诉我们，教学要因材施教，模式是为了适应，而不能生搬硬套。教师要具备完整的自我，包括学识上的和人格上的完整，要不断地修正自己的角色，换位思考，宽容大度客观地对待学生的想象力和个性思维，忌讳填鸭式教育，根据每个人的个性让其自由发挥；应该启发和鼓励学生独立思考，鼓励其海阔天空的幻想。切忌不要让所谓创意设计方法和模式变成恐怖的普罗克汝斯特斯之床，而要以"模式"去适应对象，并在不断的实践过程中针对不同的对象改变方法。

第二章

概 念

一、服装的分类

服装的分类种类很多,为了便于区分,在此我们将它们概括起来分为"独件和成衣"。独件服装包括创意(概念)服装,艺术服装,高级时装,电影、戏剧、舞台服装、个人定做的服装等;成衣包括高级成衣(时装)、普通成衣、特殊职业服装等等。

1. 创意服装

创意服装顾名思义可以叫有创意性的服装,或者叫原创性服装,是具有概念性、艺术性、试验性、标新立异的服装。它是以独件的形式存在的,不同于日常生活中穿着的服装,是设计者对历史、文化、观念、哲学、艺术生活的理解,是精神和情感的表达。它是一个时代艺术的象征,像艺术品一样被创造出来,反映某个时代的思想和艺术特性。

这类服装往往不以穿着为目的,而是以服装形式为媒介的艺术活动。其中包括试验性的主题发布的服装,博物馆收藏的具有典型时代意义的服装,设计师工作室陈列或者是电影戏剧创新的服装等。

如图2-1-1、图2-1-2 Hussein

2-1-1　　　　　　　　　　2-1-2

2—1—3

Chalayan07秋冬发布的实验性服装，他在这个系列服装中安置了制动控制装置，一按遥控器，短裙和头饰可以自动伸缩，用于防护或调节温度，充分体现了"climate"这一设计理念。图2-1-3是Viktor & Rolf07秋冬服装的发布，给模特儿穿的不仅仅是衣服，还把本该安装在舞台上方的灯架卸下来，架在模特儿的肩上，脚上是超大的荷兰木靴，模特儿摇摇晃晃地走在T台上，与其说是展示服装不如说是活动的装置。那些钨丝灯和扩音器、荷兰民间装束与模特儿构成了独立的移动T台，想象力令人惊奇。

2．高级定制

高级定制指定做或以个人作品发布为目的而设计创作的服装，具有时髦和流行的含义，也称为高级时装。这类服装是穿着服装中，最具有艺术性的。为了达到艺术效果，在制作的时候不计成本，投入大量的人力和物力，如果需要，还可以用天然钻石或珠宝镶嵌，所以价格极其昂贵，穿着者不仅要有经济实力，同时也应具备较高的艺术品位。高级时装，由于穿着的人群日渐稀少，一度濒于灭亡。珍妮弗·克雷克（美国）在《时装的面貌》一书的前言中说："时装也被认为是一种具有权威意义的过程。在这一过程中，一群公认的精英设计师将他们的观点强加于大众。西方高等时装系统被认为由下列因素构成：一群时装领袖；一大批被动的模仿者和消费者……将时装等同于成功、权力；肆意造成与大众之间的区别。"

法国高级时装店的服饰设计要由以下不同学科的专业人员共同承担设计任务：

（1）推出全新设计主题思想，设计理念，并完成企划与设计构想的企划设计师。

（2）按照设计构想完成从样板到工艺制作的高级专业工艺师。

（3）专门用写生手法刻画设计创意构思的专业美术设计师。

图2-1-4是John Galliano为迪奥设计的高级定制服装，其中银灰色晚礼裙优雅而飘逸。从图2-1-5中可以看到高级定制精致的细节，堆积的宝石，精美的刺绣和亮片。图2-1-6精致和专门加工的面料，独一无二，难于模仿。

3．高级成衣

人们生活中所说的"时装"，即具有较高艺术成分的日常服装。高级成衣品牌设计师每年发布的春夏、秋冬两季服装，主宰着大众流行和时尚的风向标。高级品牌设计师必须具有超前意识，能够时刻站在时代的尖端。成衣与销售联系在一起，既

2-1-4

2-1-5 　　　　　　　　　　　　　　　　　　　　　　　2-1-6

要考虑款式的市场效应，以消费者的欣赏的程度来衡量设计的成败，又要考虑款式在机械流水作业中的可操作性。设计不是随心所欲的，而是以市场为准则的工作，款式与成本同样重要。图2-1-7是chanel08秋冬成衣发布，简洁理性的设计，修身利落的线条有些甜甜的优雅，表现职业女性自信中透着柔美的精神风貌。图2-1-8在成衣设计里运用了材质与结构的创新设计，使这款服装既有可穿性，又有新颖性。

4. 普通成衣

普通成衣是工厂里批量生产的服装，流行过后的固定式样，例如夹克、大衣、风衣、套装、T恤等日常穿着，普通大众是其消费群体。如图2-1-9～图2-1-11。

5. 功能性服装

功能性服装是针对功能性而设计的，用于特殊环境下，具有防护功能的服装。它包括宇航服、防火服、防毒服、防辐射服、潜水服等，以及具有标识功能的服装，例如校服、军服、警服等，如图2-1-12学生校服、图2-1-13最俏丽的时装化的护士服。

独件服装与成衣有很大的区别，成衣在厂家和商家眼里是销售和利润，在消费

2-1-7 　　　　　　　　　　　　　　　　　　　　　2-1-8

2-1-9

2-1-10

者眼里是舒适、实用和美观。创意服装（概念服装）对于设计师来说是内心情感的表达，在观者眼里是找寻的宝与自己内心审美相契合的那一部分。所以，同一件服装在有些人眼里是美的，在有些人眼里也许是丑的或怪诞的，在大多数人的眼里它则可能是另类的。创意服装注重文化、观念和艺术，忽略适用和功能，而适用和功能却是成衣最基本的要素；创意服装所追求的美是艺术的美，艺术美是个性的，而成衣追求的是通俗美，通俗美是大众的；创意服装是独件服装，而成衣是批量生产的服装，由此来看，创意服装和成衣有很大区别。然而，他们又有一定的联系，设计师通过创意服装（独件服装）展示表达品牌文化和观念，其中所表达的观念往往在品牌成衣设计风格中流露出来，通过每年两季全新概念的成衣发布、媒体宣传、厂家、商家的制作销售使消费者能够辨别其风貌，提升品牌的价值。可见创意服装与成衣的特征虽然大多是相对抗的，但仍然会有间接的潜在联系和少量的直接联系。因此，创意服装所推崇的是观念、艺术、文化，是独立的艺术形式，但最终会有选择地用于成衣设计，并被广大消费者接受。

2-1-11

2-1-12

2-1-13 日本街头摄影

7

二、创意服装设计的分类

服装设计的概念：根据一定的目的和要求预先计划、制定方法和图样。设计就是创新，对于一个生活在21世纪的人来说，每一个人都可以说是一名设计师，因为生活本身就是设计。设计的范围十分广泛并深入到我们生活的各个方面。设计无处不在，包括居住的环境，日常用品，交通工具等等。

服装设计除了上面讲到的以不同类别和不同穿着为目的衣装设计以外，创意服装设计是一项立体化的设计工程，它包括：

1．材料设计

这里的材料设计包括纺织材料，以及使用各种技术方法制造、改造的梭织、针织材料，非纺织材料创新，具有立体感的、镂空的材料，透明的材料等。总之是创造出具有视觉美感的新型材料的设计。图2-2-1、图2-2-2是采用拼贴装饰的纺织材料。

2．结构设计

结构设计包括平面结构和立体结构。创意服装由于款型多变且没有定式，多采用立体结构与平面结构相结合的方式，通常是先在人台上塑造出基本造型然后通过平面结构修正，再穿在人台上试样，然后再修正，再试样，反复几次，直到满意为止。

3．工艺制作设计

创意服装设计的工艺设计是为了完美表现设计意图，在工艺制作中探索打破常规，尝试各种不同于传统的缝制方法，从而获得新鲜的制作效果。

4．装饰品设计

装饰品是着装中起装饰作用的附属品。如耳环、项链、饰针、戒指、帽子、手提袋、箱包、纱巾、腰带等的设计。它是服装整体设计不可忽略的一部分，使整体造型更加完整。图2-2-3是Giorgio Armani07秋冬发布的手套和手包设计，手套上有夸张的水晶饰品设计。

5．发型、美容化妆设计

这里所讲的发型和化妆是依据服装设计主题进行的发型和面部化妆设计，以提升服装设计主题为目的。专业的美容化妆设计还包括了全身美容、香水美容、各种运动、饮食、精神卫生等，使生活充满美丽的全部内容都被纳入到了美容和化妆设计范畴。图2-2-4、图2-2-5中头饰与化妆均提升了整个设计的艺术效果。

6．展示设计

在既定的时间和空间范围内，运用艺术设计语言，通过对空间与平面的精心创造，将完成的整体创意设计以图片或动态秀的形式展示出来，使其产生独特的空间范围，不但含有解释展品宣传主题的意图，且使观众能参与其中，达到完美沟通的目的。（图2-2-6、图2-2-7）

2-2-1

2-2-2

2-2-3 　　　　　　　　　　2-2-4 　　　　　　　　　2-2-5 陈曼摄

2-2-6 王美枝作品 　　　　　　　　　2-2-7 滑会洋作品

三、创意

创意是有灵性的，不能用死板的定义将它说明白，个人的感觉不同，理解也会不同，它来源于生活，却在生活之上。好的创意是在平凡中感受到不平凡，并把它表现出来让人们都能理解并认同。

所谓"创意"，就是人们通常所说的"点子"、"主意"、"想法"或"灵感"，好的想法就是好的创意。创意除了"提升价值"、"前所未有"、"新鲜"、"出乎意料"、"原创性"这些特性以外，还有将原有的平凡的东西进行不一样的组合，或者将毫不相干的东西组合起来产生新的东西的方法。创意有时是突发的奇想，有时是经过长期的酝酿，但无论以什么形式出现，要获得好的创意都需要有专注的精神、细心的观察和善于思考的头脑。

创意的特征有：

1．**开拓性**——破除惯性思维，向一切陈旧落后的习俗规矩挑战，开拓新的思维角度。

2．**自主性**——永远相信路不仅仅只有一条，条条大路通罗马，不盲目跟风，有自信。

3．**超前性**——永远不会满足昔日的辉煌，不断超越自己。

4．**挑战性**——创意往往是对旧的事物、模式、观念提出质疑和挑战，提出新的看法，没有任何现成的结果可以借鉴，所以具有挑战性和风险性。

5．**能量无限性**——创意无重量，但创意可以创造无限的价值，无数事实证明了这一点。

6. **快乐的体验过程**——渴望新的事物、新的行为。喜新厌旧是人性的本能，所以创意思维是积极的人生体验，是可以带来无限快乐的体验过程。

四、服装创意设计

服装的创意和其他艺术形式的创作活动有许多共同之处，设计师如同艺术家一样，"将生活中得来的诸多表象素材作为材料，围绕一定的主体倾向进行艺术思维（特别是其中的形象思维）"（《服装艺术判断》），从而获得最初的艺术意向。当最佳想法从一大堆想法中脱颖而出后，对这一最佳想法从产生到付诸实践的过程就是服装创意设计。但并不是所有的新想法都可以变为现实，这中间有一个从想象到现实的转换，这种转换需要有新鲜力的刺激。创意设计可以天马行空，设计转换则需要理性分析、具体描绘，需要技术。所以新产品的诞生是新思想与新技术的平衡，是二者的完美结合。

可以用以下的图示表示创意服装设计：

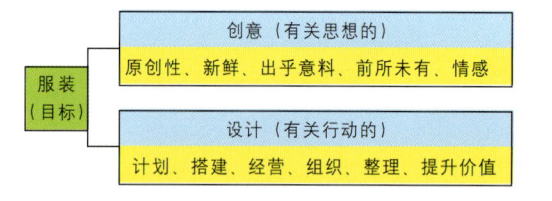

服装（目标）	创意（有关思想的） 原创性、新鲜、出乎意料、前所未有、情感
	设计（有关行动的） 计划、搭建、经营、组织、整理、提升价值

服装创意的特征：

1. **社会性**——服装的创意最终需要得到社会上的消费群体的认可，因此在创意过程中要紧密联系社会，站在消费者立场上选择创新。

2. **吸纳性**——根据服装的特点，全方位地整合时代气息、文化、信仰、设计、美学、个性、技术等一切流行时尚的社会、人文等资源。

3. **目的性**——创意的主流艺术方向要明确，需要整合的资源要清晰。

4. **前卫性**——好的创意不仅仅要符合展现现在的流行，并且可以对未来发展做出准确判断，引领时尚的潮流。

5. **体系性**——符合服装创意设计、生产、宣传、销售的立体型体系。

6. **灵活性**——服装创意方法并非一个定式的方法，风格、素材、文化内涵都会随着时代的变化而变化，需要顺应变化灵活调整，保持其前卫性和时尚性。

7. **专业性**——专业的设计师、专业的社会组织、专业的赛事、专业的时装周活动。

8. **累计性**——可继承性特点，在前人的经验上发展。

9. **表现性**——时装设计的各个环节都具有表现性，特别是时装展演。

10. **品牌性**——品牌是时装的个性形象，是其文化内涵构成的可识性标志。

服装创意设计的实践过程：设计提要（分析创新机会）→灵感研究（个人灵感和概念）→流行趋势研究→创作主题确定设计过程（色彩、廓型、比例、织物、图案、材质、制样、结构）→服装制作（平面裁剪、立体裁剪、构造、装饰）→整合（整体考虑外观和配件）→展示（着装设计、发型化妆、摄影、招贴、静态展示、动态秀）

本章教学重点：课堂教学。明确创意服装与日常服装的区别与联系，明确服装设计的概念与学习的程序。

本章教学建议：制作详细的多媒体课件，图文并茂。

建议教学时间：教师授课时间 4 学时，学生提问和讨论时间 3 学时。

第三章

创造力思维空间

在这一章中，我们要营造一个多元的学习空间，在这个空间中，可以呼吸到自由新鲜的空气，可以放松我们紧张的心情和疲惫的筋骨，同时它还有来自世界各地包罗万象的、有丰富营养的"食物"供我们健康成长。

在今天这样一个充满竞争的社会中，雷同、重复意味着枯燥与乏味，如今的世界就是要求你与众不同、出类拔萃和引人注目。要让自己的头脑中不断产生新观念和新想法，首先要打破以往头脑中形成的条条框框。讲一个"空心杯"的故事：一位硕士生到深山老林请教德高望重的圣僧，圣僧让他就座后并不言语，只是将茶壶里的水往杯子里倒，水满了以后却没有停下来。学生看着溢出的水觉得奇怪，老僧只管继续往里倒水，学生思索良久终于悟出其中的道理：要想学习新的知识就要把头脑腾出空间来，如同这个杯子，如果里面已经装满了水，后来的水又怎么能够再装进去呢？我们喜欢把某人想出了新点子形容为此人头脑"空少"，大概也是这个意思。

阻碍创造性发挥的不利因素有性格内向、从众心理、不自信、知识面窄、按部就班、生活环境差、教育环境差、懒惰、疾病等等，应尽量避免那些不利的因素，自由自在地生活，自由自在地思想，有时候实际上就是简单地思想、简洁地思维，丢掉头脑里原有惯性思维、条条框框和陈旧想法，像儿童一样张开想象的翅膀去飞翔。

以下七个设计空间练习的目的在于放松心情、活跃思维、开发想象力，训练思维能力。

一、实验空间

感官体验：最好是离开教室去空气清新的草地上或者操场上，因为换一个环境就会换一种心情。在草地上一字排开具有不同质感的物品，例如水、沙子、棉花、小石头、干树叶以及你能够想到的刺激感官的任何物品。游戏者蒙着眼睛光着脚从上面走过去，用脚去感受地上各种物品不同的质感带来的刺激。由于眼睛看不到，从而改变习惯性的由视觉到大脑的思维方式，强迫动用其他感知能力。

之后可以将这种不同于以往的感觉表达出来，可以用文字，也可以用图形。如果没有想要记下来的冲动也不用勉强，就以随性轻松为游戏的目的。（图3—1—1～图3—1—4）当需要记录一点感受或想法的时候，也没有必要将描绘的图像或感觉与我们的具体任务联系起来，随意地让那种感觉自由地流淌，无论它到哪里，就当是为了放松心情，为了游戏，为了感受自然，或者呼吸青草的味道，如图3—1—5、图3—1—6。

其他的方法还有很多，例如感觉音乐：在教室的四个角落播放不同的音乐，让每个同学蒙着眼睛在教室走动，体验音乐给每一个人的行为的不同指引，认识自己的与别人不相同的韵律感和节奏感觉，之后交流和分析一下是很有意思的。还有一些体育游戏：如跳马、拔河等，以及训练迅速反应的游戏等。自己设计几种游戏，做起来会更加有趣。游戏就要有游戏的心态，目的性不要太强，旨在于调整心情，以一种全新的、轻松的、自信满满的心情开始后面的学习过程。教师也要敢于放下架子，享受这一过程，才能使游戏不成为一种以教师为主导的"授课"形式。

3—1—1

3—1—2

3—1—3

3—1—4

3-1-5 谷淼作品

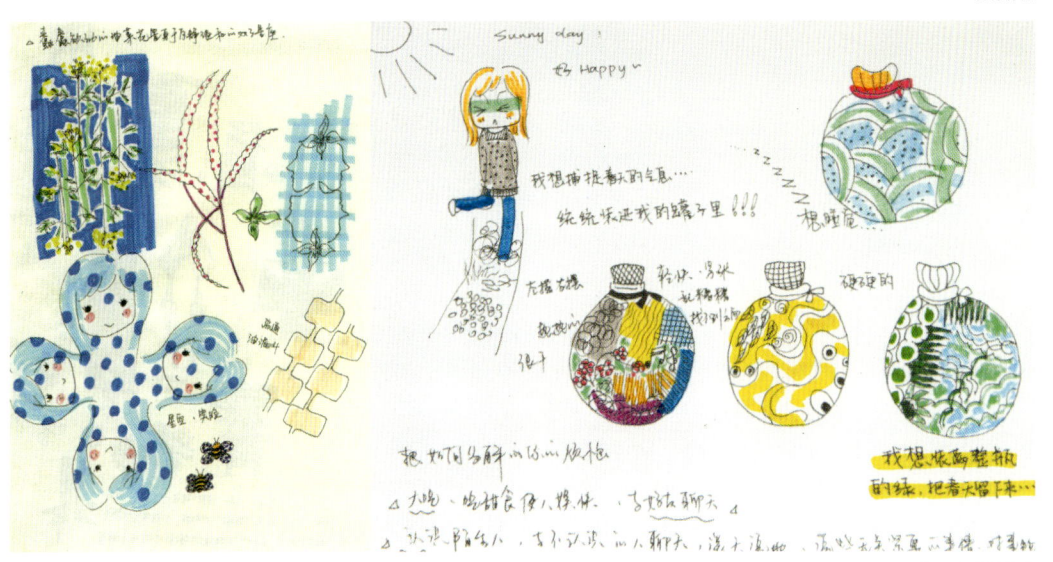

3-1-6 邱芳作品

二、想象思维空间

想象力是思维和创造的基础，一切创造活动都离不开想象。要给自己装上想象的翅膀，爱因斯坦告诉我们：想象比知识更重要。因为我们了解的知识终归是有限的，而想象却能包含整个世界以及我们的未来。

20世纪60年代，美国华达州一名3岁的小女孩告诉自己的母亲，说她认识礼品盒上的"open"的第一个字母"O"。这位母亲非常吃惊，从而引发一场要求索赔1000万元的官司，理由是幼儿园剥夺了小女孩的想象力。因为她的女儿在认识"O"之前能把"O"说成苹果、太阳、足球、鸟蛋之类的各种圆形的东西。母亲以被困在公园小池塘没有足够的滑翔距离而不能飞翔的天鹅为例子，控告幼儿园老师斩断了女儿想象的翅膀，说辞打动了陪审团23名成员，赢了这场官司。这个真实的事件说明了想象力是如此珍贵，是何等地需要受到呵护和加以重视。想象力在儿童的生活中十分常见，对于儿童来讲，想象的世界和现实世界没有区别。而成年以后，想象力却也随着阅历的增加而衰退，因此，常常观察儿童的行为并和他们一起做游戏可以获得很多有趣的灵感，重温我们曾经拥有的想象的力量。

训练：将学生分成若干小组，每组由一名学生主持。

基本思路：确立目标方向→提出问题→分析问题→解决问题的试行方案。

第一阶段：确定具体目标。例如：讨论环保，或者有关未来服装……目标提出来以后，暂时放在旁边。

第二阶段：提出问题和假设"如果……会如何"，如果发生了这样的事情该怎么办？你会采取什么样的措施？比如：如果地球上没有了陆地会如何？如果地球发生了核战争会如何？如果人类高度进化只剩下了头该怎样装饰？如果时间倒流会怎样？……可多花费一点时间提问题，爱因斯坦曾经说："提出问题比解决问题还难，提出问题需要想象力，而解决问题只需要时间和精力。"

第三阶段：解决问题设想。以小组讨论的方式进行，解决问题的方式会变得非常多。每个人10种方法，5个人就有50种方法，此人的方法启发彼人的方法，设想就会如同雪球一样越滚越大。

第四阶段：结合目标，得出结论。在一大堆主意中筛选出最中意的并评估、推理得出方案。

做一些意识流的描绘，想到什么都可以画出来，不要管它是否有用，谁知道呢？或许会发现有意思的东西与我们的目标相关联。（图3-2-1～图3-2-2）

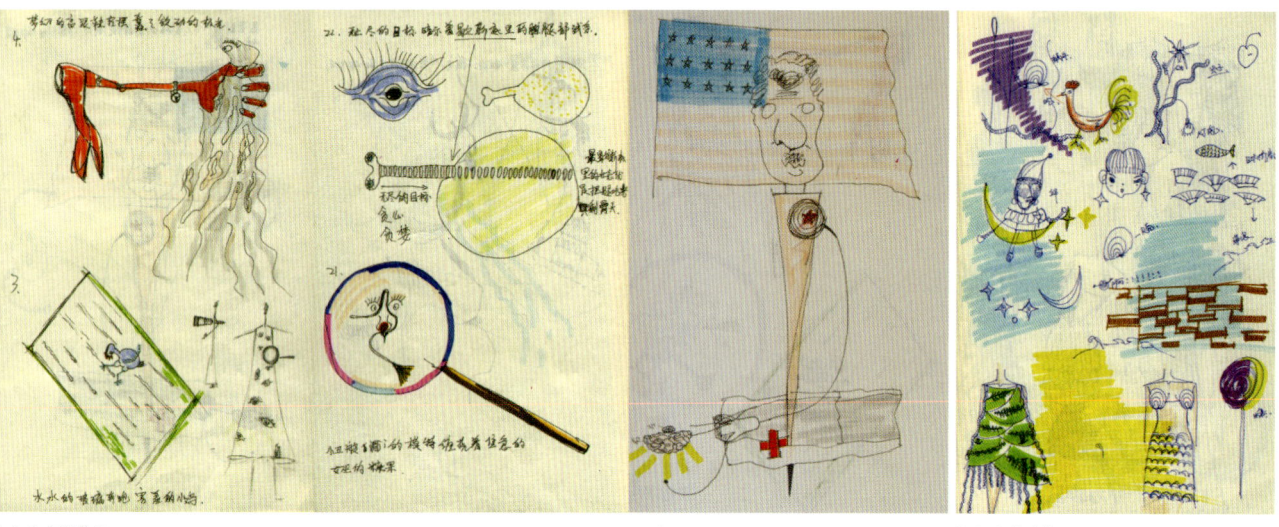

3-2-1 复旦作品

3-2-2 谷淼作品

三、联想思维空间

在思维中将事物之间建立联系并获得新的主意，就叫联想。在你最没有预见的地方找出联系和规律是一种艺术，无论你把什么东西放在一起比较，都会发现在他们之间存在着一些更深层次的或者潜在的联系。

联想的种类很多，有直接联想，如由夏天想到蝉，由篮子想到蔬菜。有相似联想，由西瓜想到足球、由"O"想到苹果。有间接联想，如把看似风马牛不相及的东西，五步之内找到联系，例如"电脑"和"自行车"：电脑—电动—电动车—自行车；"鼠标"和"烟囱"：鼠标—电脑—发电—烟囱。对比联想，由白天想到黑夜，由缩小想到放大，由水想到火等等。联想是创意思维不可或缺的素质。要产生新奇的想法，可以尝试一些有趣的游戏，在娱乐的心态中想象力能够得到最大限度的释放。

有趣的游戏：

1. 随意词

这是由美国创意设计人韦恩·罗特林顿提出来的练习方法，改良一下同样可以成为服装设计思维训练和发现好点子的方法。

"随意"存在着偶然，偶然性是跳出框架来思考问题的好方法。首先提出要解决的问题，并以全新的思路解决这个问题。具体做法是找一个任意词，这个词是"找"而不是"挑"，另外要保持"随意"。可以任意翻到书中的某一页找到某一个词，也可以是闭着眼睛然后猛地睁开看到的第一个词，有了这个词后将所有的注意力集中在这个词上，忘掉先前的问题，仔细审视你所选的随意词，写下该词所有的外部自然"特征"和"优点"，没有必要在特征和优点之间找到相匹配的东西，让意识一直流下去。5分钟以后，再开始花费些精力寻找它们之间存在的联系，并记下你大脑中出现的所有主意和想法，无论感觉到他们是多么的"傻",将"主意"和"评估"二者分开来,不要混为一谈。用两分钟的时间来找随意词。

例如:

(1) 目标问题:适合旅游穿着的小裙子

(2) 找到一个随意词:"篮球"

(3) 篮球的特征:有弹性、橘黄色、有黑色分割线、橡胶、点状颗粒、双层、圆球状、打气孔、球网、系带、充气……

(4) 优点:游玩、运动、跳得高、球场、草地、健康、凉快、进栏、防滑、出汗、强壮、跑跳……

特征和优点之间并非具有联系,但是还是描绘出这样一些和目标有关的图形:橘黄色有黑色装饰条纹,圆形裙体,具有透气性的弹性面料,里层网眼吸汗材料,臀部可以用橡胶材料,既作装饰也具有功能性,结构具有活动量……

除随意词以外,随意涂画、随意事件、随意运动等等,都可以用于以上练习,这些是产生新思维的好方法。图3-3-1～图3-3-3那些弧形的线条、光亮感、简洁的造型、单纯却局部跳跃的色彩都使我们产生联想。

2. 随意句子

有趣的游戏:将学生分成5人小组,每组由一名学生主持。第一个人默记一个形容词,后面的人默记的依次是名词、动词、形容词、名词。然后将各自选择好的词写下来组合在一起构成一些奇怪的句子启发我们的想象。例如:形容词"奇特的",名词"水晶玻璃",动词"拥抱",形容词"害羞的",名词"小鸡",然后组合成这样的句子:"奇特的水晶玻璃拥抱了害羞的小鸡";再如:形容词"高雅的",名词"女人",动词"搅动",形容词"灿烂的",名词"钢筋混凝土",出现这样的句子:"高雅的女人搅动着灿烂的钢筋混凝土"。从这些偶然产生的句子中我们可以得到某些启发,"高雅的女人与灿烂的钢筋混凝土",既有些关联又有戏剧化的对比。"奇特的水晶玻璃拥抱了害羞的小鸡"也是一幅晶莹剔透的图景,由此产生联想获得灵感。如同图3-3-4～图3-3-6,虽然不是直接的服装图片,但可以让我们产生联想,找到关联。

3-3-1

3-3-2

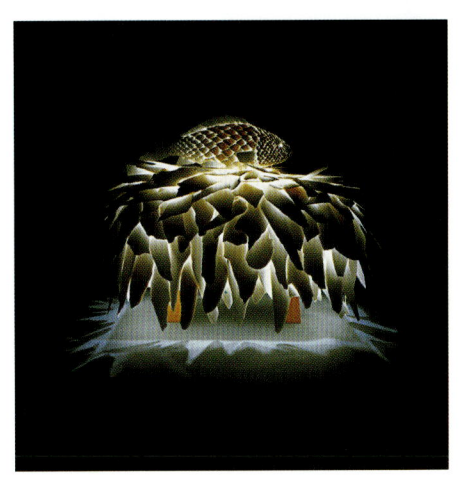

3-3-3

3-3-4　　　　　　　　　　　　　　　　3-3-5　　　　　　　　　　　　　　　　3-3-6

3. 击鼓传花

根据思维中的想象离不开联想这个心理过程，以击鼓传花的形式，先由一个人提出一个概念，例如："速度"，下一个人根据"速度"这个概念，头脑中会闪现出呼啸而过的飞机，再下一个人说奔驰的列车、自由下落的重物等，随之还会产生"战争"、"爆炸"、"闪光"、"粉碎"等一系列联想。再如，由叶产生形的联想，如手、花、小鸟和山脉等；由叶的质感产生的联想，如轻柔、飘逸、旋转、甜美、润泽和生命；由花联想到粉嫩、怒放、层层叠叠、含苞欲放、春天的气息、簇拥、盛开、春天、可爱、华美、奢侈、女人的身体、摇曳、玲珑、弧线等等。这些蹦出来的字或词、形象都可以启发我们的联想，使我们获得灵感。如图3-3-7、图3-3-8组合各种图形，启发联想。图3-3-9是由埃及法老形象产生联想而设计出的创意服装。

4. 比喻

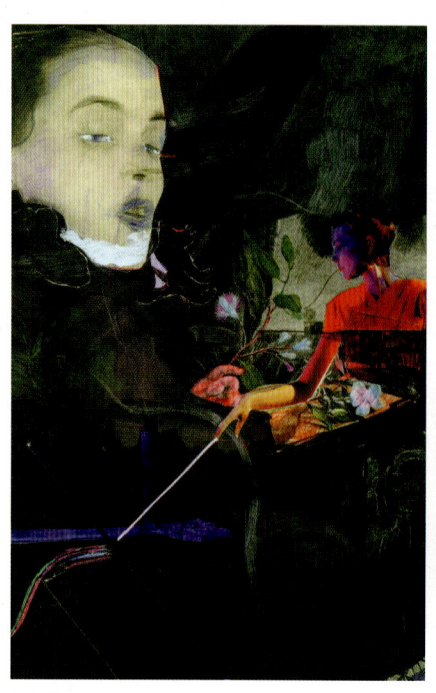

比喻也是产生联想的好方法。由一个人提出某个词，或者物品，或者概念，然后其他的人依次比喻。例如：一个人提出"夏日的长裙"，其他人可说："夏日的长裙如厚嘴唇般的性感"，再后面的："夏日的长裙如迷离的彩虹"，"夏日的长裙如充满荆棘的原野"，"夏日的长裙如飞翔的天鹅"，"夏日的长裙犹如旅行日记，每一页都记录着往事"，"夏日的长裙如装满可乐的杯子"……可以将夏日的长裙比喻成意想不到的任何东西，就像卡尔维诺的小说里，电子、原子、分子、无机物、青蛙、恐龙、盔甲、纸牌全都粉墨登场，奇幻的场景，无限的想象力，使人浮想联翩。(图3-3-10～图-3-13)

3-3-7　　　　　　　　　　　　　　　　3-3-8　　　　　　　　　　　　　　　　3-3-9

16

5. 组合旧事物，创造新灵感

将两种完全不相干的东西组合在一起，产生一个新的事物，有以下一些方法：

一是将可用的两种东西组合起来变成没有使用价值的物品，奇怪的新东西可以成为装饰用于欣赏；

二是将两种没有使用价值的东西组合起来变成实用的物品；

三是组合旧的东西，创造新灵感。这是很好玩的游戏，其结果会令人充满新奇的愉悦。例如，众所周知的熨斗底面与钉子的组合，组合在一起的"长满钉子的熨斗"可以用来观赏和把玩；过时的牛仔裤剪掉一部分与雪纺组合成裙子获得新的时尚等等。

自己想象一种游戏，组织大家来做，看看会是什么效果。（图3-3-14、图3-3-15）

3-3-10　　3-3-11　　3-3-12

3-3-13　　3-3-14　　3-3-15 蒋东东作品

四、反向思维空间

　　这是一个如多棱镜的空间，它展现给我们的是事物的各个不同的角度。反向思维也叫逆向思维，就是凡事问一个为什么，反过来想会怎样？换一个角度会怎样？条条道路通罗马。或者原本是圆的，偏变成方的，对称的变成非对称，或者不按常规答题。有一个故事说明了不按常理出牌在某些时候的重要性：吉尔福特被认为是创造力之父，在"二战"期间还是心理学家的他被调往前线去负责筛选轰炸柏林的飞行员，同时空军委还选派了一名没有经过心理训练的退役空军飞行员帮助他进行筛选工作。福特并不信任这名退役飞行员，结果，他们俩分别选了不同的后备人选。战斗结束后，福特选的飞行员被击落毙命的人比退役飞行员选的多得多，福特为自己将那么多的飞行员送上绝路差点自杀。造成不一样结果的原因是，退役飞行员在作筛选工作的时候问了所有候选人一个问题："你在飞越德国上空时，如果遇到德军的防空部队炮火时怎么办？"他淘汰了所有按照飞行条例准则回答："我会飞得更高"的候选人，而选择了那些回答"我不知道，可能会俯冲"或"我翻滚，躲开炮弹"或"我会'之'字形前进"的人。因为，德国人清楚美国飞机遇到炮火后会飞得更高，他们在高空布下了战斗机将飞上来的美国飞机击落。所以不按准则办事的人往往比循规蹈矩的人在那种情况下更容易幸存下来。

　　当你感觉你无法解决一个问题时，尝试考虑相反的一面。例如吉尔福特为空军设计的创造力测试方法之一：说出最多的砖的用途，有人会在很短的时间说出几十种甚至更多的用途，而有些人想了半天只能说出几种。如果我们改变思维方式问自己：砖不能做什么？除了不能做的，那么剩下的所有都可以作为砖的用途，这样回答起来似乎要容易得多。

　　在服装设计中内衣外穿，改变人体基本型的设计等都具有反向思维原理的特征。

　　如图3-4-1裙撑外穿、图3-4-2形体改变。

3-4-1

3-4-2

五、错视空间

错视空间犹如放置了无数"哈哈镜"的空间，我们在里面时而被竖着拉得细长，时而被横着压得矮胖；时而被扭曲，时而被局部放大……这是一个游戏的空间，有趣的空间。

所谓错视，"一般来说就是我们知觉判断的视觉经验，同所观察物实际特征之间存在着矛盾。当观察者发觉到自己主观上的把握和观察之间不均衡时，就产生了错觉作用的混乱"。简单讲就是由于视觉误差使我们看到的和实际存在的不一样。例如明亮的物体看上去比它实际的大，而黑暗的物体看上去比它实际的要小。这种视觉误差被称之为"眩视"。由于"眩视"有收缩或者扩张的视觉效果，因此合理运用在服装设计中，就可以起到扬长避短的作用，使人看上去变得修长或者强壮。

错视的第二种情况是某一图形周期性排列可以产生振动、歪斜、闪烁及活动的错觉。例如格子，圆点等等。（图3-5-1、图3-5-2）

错视的第三种情况，波状和波纹——向内或向外旋转的波纹，可以起到引人注目的视觉效果。（图3-5-3～图3-5-6）

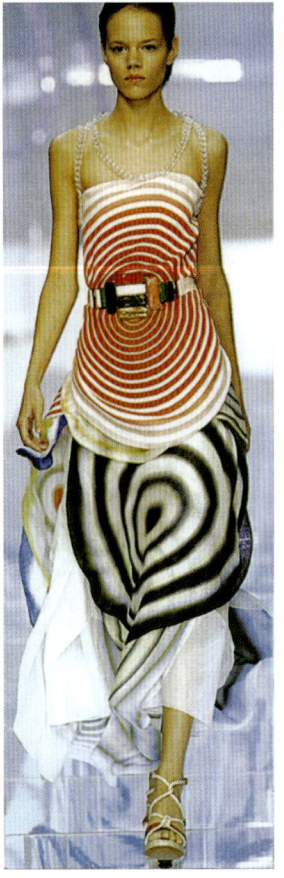

3-5-1　　3-5-2　　3-5-3

3-5-4　　3-5-5　　3-5-6

错视的第四种情况是立体造型在光线照射不同时会产生错视，使原来看上去凸状的东西变凹状。（图3-5-7～图3-5-9）

错视的第五种情况是短续方式，即切断某一图形则会在新的图形上引起空间上的变化，产生多个空间。（图3-5-10）

错视的第六种情况，图形透视放大或缩小——两度空间中会产生三度空间的时而凸起时而凹陷。（图3-5-11、图3-5-12）

错视的第七种情况，相同的图形角度变化会产生无限空间的视觉变化。（图3-5-13、图3-5-14）

每种错视会有若干不同的效果，将这种多变的视觉效果用于设计练习是产生原创设计的方法之一。

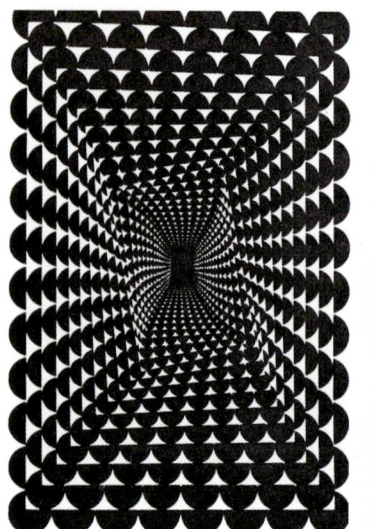

3-5-7　　　　　　　　3-5-8　　　　　　　　3-5-9　　　　　　　　3-5-10

3-5-11　　　　　　　3-5-12　　　　　　　3-5-13　　　　　　　3-5-14

错视练习方法：

1. 正向视觉练习：夸张人体的基本形态，如女人的漏斗型、男人的 T 型，如图 3-5-15。

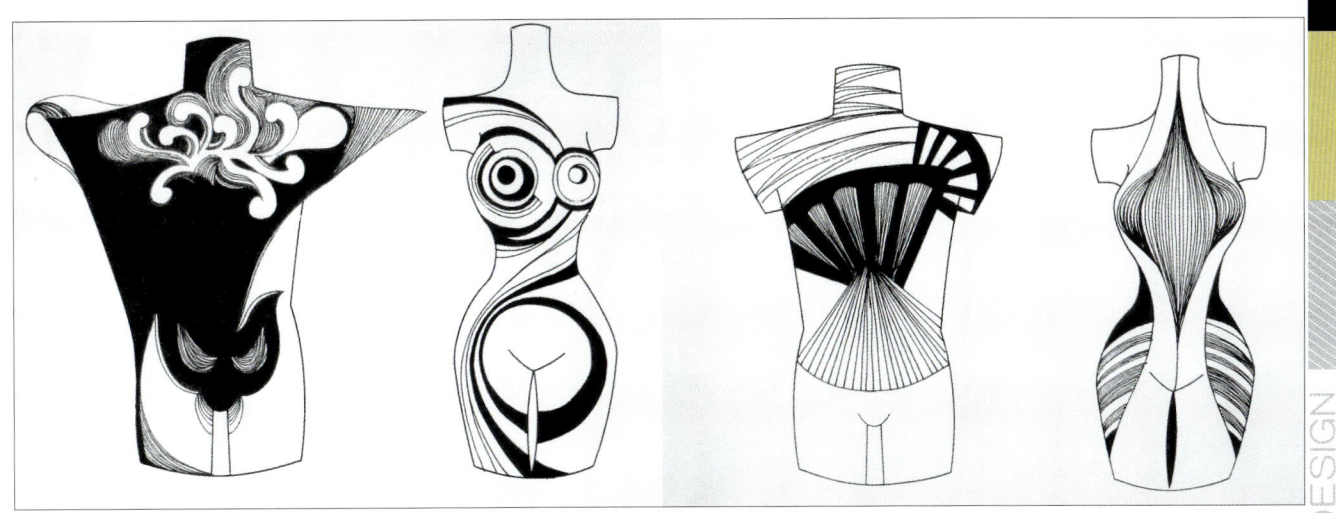

3-5-15 贺云

2. 反向视觉练习：以相反的视觉表现人体基本型态，该凹的凸出来，该凸的凹下去，创造另类的外形设计，如图 3-5-16、图 3-5-17。

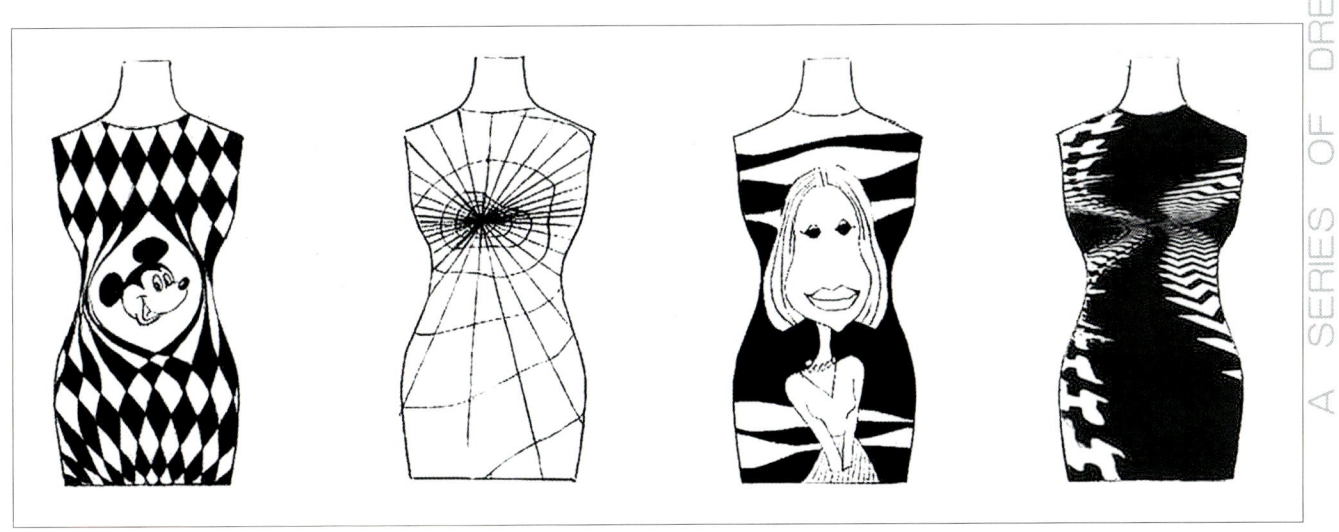

3-5-16 陈豪作品

3-5-17 税嘉作品

3．三度空间视觉练习：在人体上塑造另类的立体空间。如图3-5-18、图3-5-19，或收缩、或扩张、或延伸、或空透。

4．对称平衡练习：在对称中寻求变化，如图3-5-20。

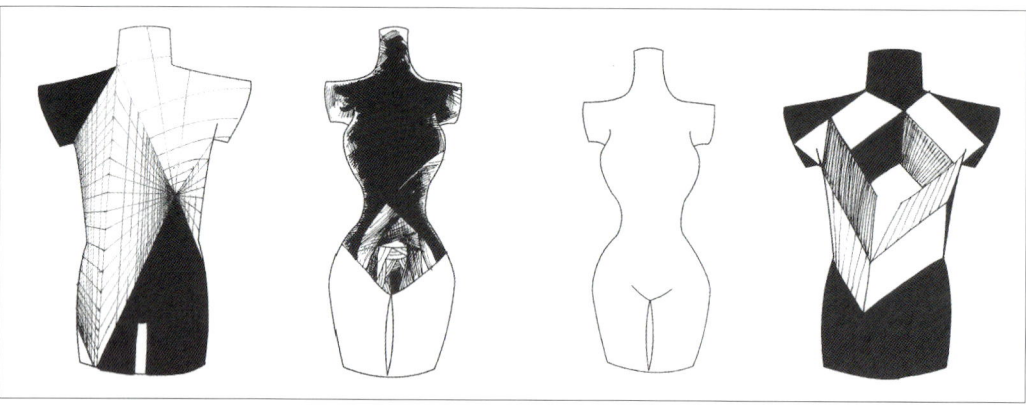

3-5-18 贺云作品

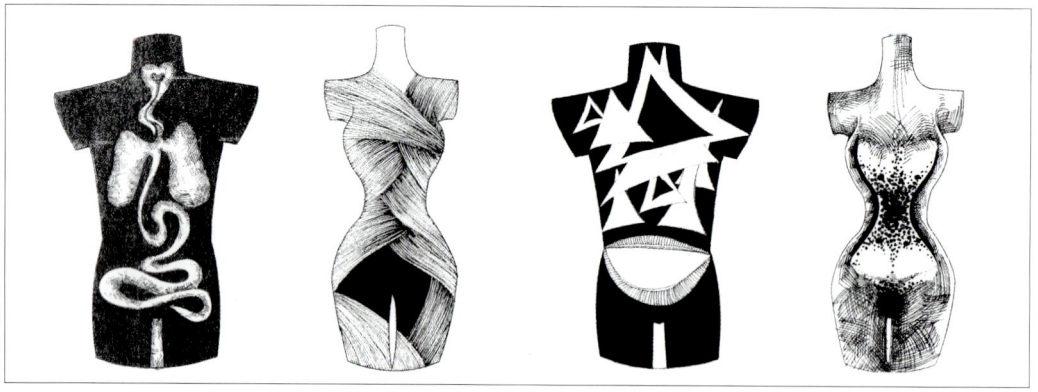

3-5-19 贺云作品

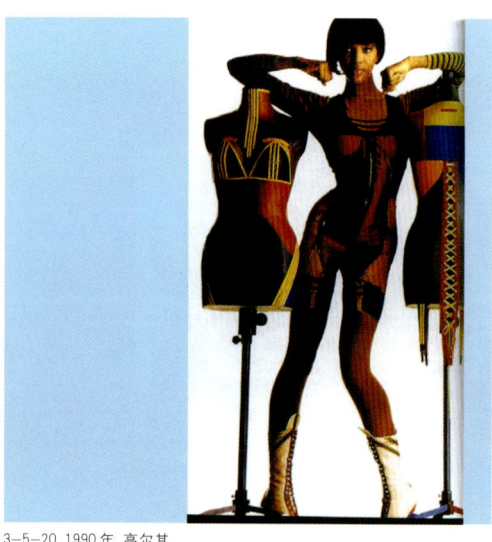

3-5-20 1990年 高尔其

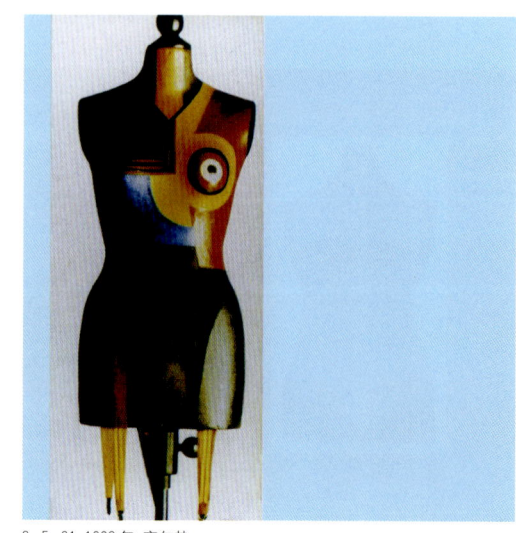

3-5-21 1990年 高尔其

5. **非对称平衡练习**：在非对称中寻求平衡。图3-5-21-图3-5-23。
6. **转化练习**：将在人台上做的练习尝试做服装形态的转化。如图3-5-24～图3-5-28。

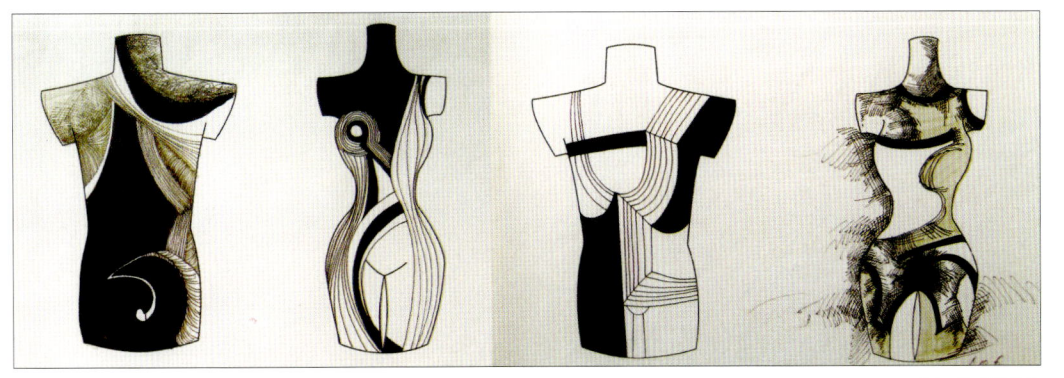

3-5-22 贺云作品

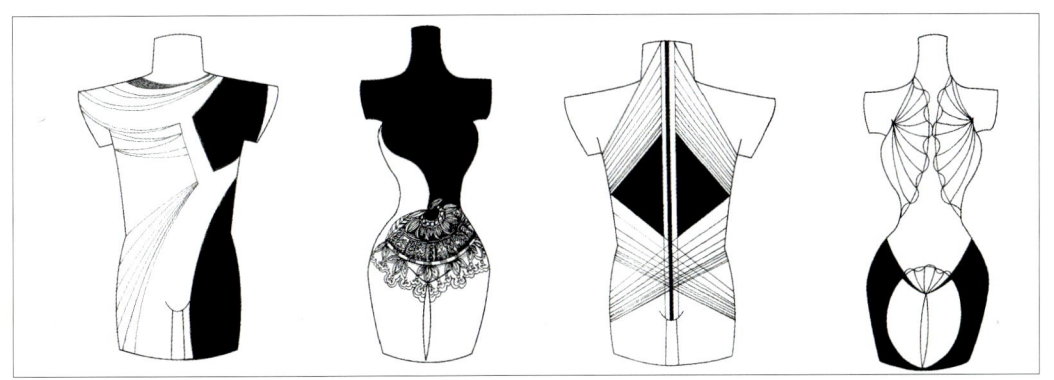

3-5-23 贺云作品

3-5-24 贺云作品

3-5-25 贺云作品

3-5-26 贺云作品

3-5-27 贺云作品

3-5-28 贺云作品

3-5-29

六、自由讨论空间

这是一个自由的空间，既鼓励个人表达意见，也欢迎团体的意见，让我们能在这里真正找到表达内心想法的机会，无论意见正确与否，或是否被别人认同，都应该受到极大的欢迎。学生如果不能表达自己的想法、情感、困惑甚至是偏见的时候，学习是不存在的。当然，这个空间也不仅仅是表达个人意见的论坛，它应该也是通过一次次的讨论，团体意见被综合、被完善的地方。团体可以肯定、质疑、挑战、纠正个人的意见。教师的任务就是倾听团体的意见，并且一次次地把团体的意见形成智慧思想回馈给团体，以便让大家具有主流以及边沿的方向感。

在集体的对话与交流中，我们可以发现我们不知道的东西，我们的想法可以受到检验，我们的偏见也会受到挑战，同时我们的知识面也会得到拓展。

一个讨论空间，不能仅仅充斥着抽象概念，还应该尊重和容纳个人的充满灵气的小故事，这些小故事伴随着我们的成长和体验。大家内心真实的东西在这个空间中得到滋养和保护，才能产生无限的创意空间。

七、进入设计大师的空间

优秀的服装设计大师总是具备了与众不同的特质,他们有深厚的文化内涵,善于思考的头脑,敏锐的观察能力,热爱自然、热爱艺术,有独特的表现手法和技术能力。选择自己喜欢的设计师,了解他的成长经历,分析其作品,可以学到很多东西,包括精神气质、设计风格、构思取材角度、元素的提取、转化、运用,材料选择使用、色彩搭配等。站在大师的肩上,增加自己的高度,却不能一味地模仿,那仅仅是一副扶着我们走一程的拐杖,而探索发现自己心灵深处最敏感、最强烈、最渴望的部分,是自己与别人不一样的内心世界,才是找到原创的根本良方。

学习大师最简单和有效的方法:

1.临摹

第一步是临摹大师的作品。选择你喜欢的大师作品,分析作品的年代、设计构思、灵感来源、设计亮点等,然后一丝不苟的临摹出效果图,画出款式图、结构图,分析材料选择、色彩搭配、装饰、制作工艺等等。

2.改变

在原作品的基础上做部分改进。改变的方法多种多样,可以采用移植法。移植可以是外形移植、结构移植、方法移植、材料移植等。外形移植就是改变外轮廓,腰线的变化,长短的变化,宽窄的变化或者以另外的形式取代现有的形式;结构移植是以新的结构取代原有的结构,重新设计结构线和开片;材料的移植就是材料的重新搭配或材料改造;方法移植是换角度思考,或采用不同的工艺处理方法变换原作的形象。多尝试几种想法,借用大师的方法做自己的设计。

现在我们以图3-7-1、图3-7-2这款服装为原本,首先改变它的外形,再尝试重新塑造材料或者解构结构等等。

3-7-1

3-7-2

本章教学建议:由于教学中课堂的时间有限,以上几种思维训练的方法不可能全部在课堂进行。根据个人的理解选择其中部分练习,其余的可以介绍给学生在课堂以外练习。例如学习大师和错视空间的转化练习都可以让学生在课外完成。

本章教学重点:实验教学。课堂可以设在户外,以游戏和轻松心情完成教学过程。起到打开思路、开发智力、启发创造性思维的目的。

建议教学时间:教师引导16学时,学生自习20学时。

第四章

创意设计

一、设计理念的建立

服装艺术发展到今天，不仅要满足人的生理需求，同时还需要满足人的精神需要。所以创意服装设计被冠以了观念和主题，以表达设计师对文化、艺术、哲学、科学、现实、未来、理想、生活、环境等深层次的思考。

时装像一面小镜子反映着时代的政治、经济、文化这个大舞台的变迁。每一次政治运动、经济变革、文化革命与新艺术思潮都会给时装打上烙印，而一次次的变革也为服装设计提供源源不断的创意源泉。因此，设计理念的建立来源于悠久的历史文化积淀和艺术美的启示，来源于现实生活中的真诚与热爱，细心的观察和敏锐的思考，来源于我们知识丰富的头脑以及心灵和未来的需求。

设计理念的建立是创意设计的第一步，也是设计风貌的目标定位，关系着设计的方向性和主题性。如果没有理念的支撑就如同行走没有目标。做事情不一定要有目的，但一定要有目标，目的是结果，目标是过程。

1. 设计理念的产生与政治、经济发展有关

时装设计诞生以来的一百多年的历史中，经济的发展、战争的动荡以及社会的变革都影响着服装的设计理念和主题风貌。

19世纪以前的服装形态，以等级观念划分，不同阶级的人穿着有很大的不同。到了19世纪中叶，欧洲出现了有钱的资产阶级。由于生活和社交的需要，服装的意义和形态都有了改变，设计创意也从当时的名媛淑女的实际需求出发，废弃了紧身胸衣和S型造型。经济发达、和平盛世时期的服装风格华丽而唯美。第一次世界大战后的20世纪初，世界经济萧条，服装设计又丢弃了奢华，推崇自然朴素和简约风格。19世纪二三十年代左右的女权运动，当时争论的焦点之一是两性的平等，反对女性从属于男性，反对贵族特权，强调男女在智力上和能力上是没有区别的。时装受其影响出现了二三十年代的"女男孩"时期。其设计理念是：女性服装设计不应当从男性

欣赏的角度来考虑，而应注重女性自身的舒适和感受。因此，剪很短的头发，穿短裙成为时尚。动荡的60年代形成了很多新思想、新文化。中国的文化大革命，特别是西方的嬉皮士运动，给时尚界掀起了一场翻天覆地的变化，经典传统又一次被抛弃——服装中性化趋向，军装流行，女性文身，服装功能化，嬉皮士服装流行等等。

《小资女人》一书中说：经济学家可将女人裙摆的高度作为自己的研究对象，每10年对女人裙摆作一次调查的结果显示：经济与女人的裙摆有某种神奇的联系，裙子的长度与经济的繁荣成反比，经济繁荣时短裙到来，经济衰退期短裙变长。年轻女性通过裙摆的高度来反应她们的生活态度。经济繁荣，女性乐观自信，展示自己美好的身体，添置一条彻底的奢侈品——"迷你裙"的钱不存在任何困难；经济不景气，女性失去了自由自在的心情，包裹式的长裙给她们以安全感。至于说到家庭预算，如果必须添置新衣，那只能是实用的、可以在很多场合出现的——长裙。

时代的政治经济左右着时尚的风向，不同的时代服装的审美是如此的不同。图4-1-1~图4-1-6分别是各个时期的不同风格的服装。

4-1-1 贫乏主义风格

4-1-2 军装的演变

4-1-3 简约中透着奢华

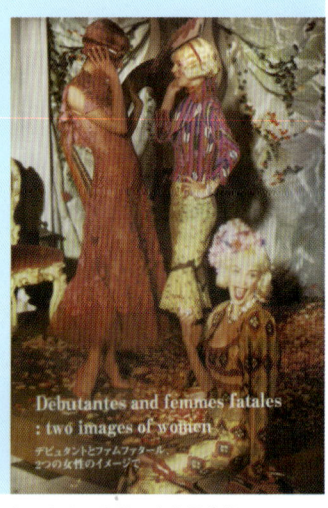

4-1-4 John Galliano 怀念30年代

4-1-5 和平盛世年代

4-1-6 中性风格

2. 设计理念的产生与文化艺术有关

（1）东西方文化

不同的文化背景孕育了不相同的时装艺术，创意设计理念来源于不同的文化特征。东西方文化有很大的区别：西方文化强调人的进取、冒险精神，个性张扬和民主自由，表现为直率开放，有些人将其称之为海洋文明；东方文化讲究"天人合一"，崇尚人与自然、人与社会的和谐，表现为含蓄内敛，有人称之为农耕文明。因此，东西方在服装创意主题上也体现了自身文化的特点。例如西方的服装技术，研究人体结构，根据不同个体的体型裁剪，设计主题突出个性，追新求异。中国汉族服装却左右开襟，宽袍大袖，包容任何体型，而少数民族服装风格各异，苗族服装图案描绘的江河、云雨、花草、动物、山水记录并表现了他们对自然天地的热爱、民族迁徙历史、宗教崇拜、生产生活。不同的国家、民族，不同的地区、气候，有不同的文化背景，孕育了不同的服装面貌，这些都是我们设计主题创意的灵感启示。特别是不同文化之间的相互交融，为我们的设计构思打开了思路。图4-1-7~图4-1-9是绚丽多彩的苗族服饰，图4-1-10~图4-1-13为灵感来源于苗族服饰的创意设计。

（2）宗教

宗教是对客观现实的虚幻反映，它作为社会意识，是一种精神安慰。宗教在某些地区对民族服装有严格要求。宗教的神秘面纱和图腾崇拜，为设计构思提供了丰富

4-1-7 绚丽多彩的苗族服饰 王石丹摄

4-1-10 贺云作品

4-1-8 绚丽多彩的苗族服饰 王石丹摄

4-1-11 Shawnyi by Yufengshawn

4-1-13 Shawnyi by Yufengshawn

4-1-9 苗族服饰 王石丹摄

4-1-12 Alexander McQueen

的创意源泉，如神灵、博爱、追求内心安宁等主题出现在设计中。如图4-1-14～图4-1-17的设计主题就是一次完美的宗教之旅，模特们如同时尚圣者造访人间。她们头上戴着圣洁的光环，精心雕饰过的脸庞如同画中人般鲜明到几乎不真实的地步；脸颊上的泪滴带着几许悲天悯人的情怀。教堂拼花玻璃的图案，钩针编织的蕾丝花边，修道士的肃穆长袍与修女的头巾，包括其他在教堂内随处可见的艺术素材，均被设计师信手拈来，融入高级定制的时尚精致之中。柔滑的丝绸流动着圣洁的光芒，立体的心型在服饰外凸显着不同的情绪。最令人啧啧称奇的还是那些圆环状的头饰细节，或晶莹剔透，或妖冶多姿，或纷繁华丽，以各种形态展现宗教主题。

4-1-14 　　　4-1-15 　　　4-1-16 　　　4-1-17 Jean Paul Gaultier07系列

（3）哲学思想

①多元文化主义对服装设计理念的影响

多元文化主义是后现代哲学提出的，包括尊重差异性、多样性和兼容性，拒绝任何囊括世界历史全部内容的理论，反对文化霸权，给少数民族以话语权，学会宽容等后现代思想。在这样的文化背景下，服装的形态出现了前所未有的多样化。

一是风格的多样。大量的复古元素出现，如以中世纪的修道士、牧羊人、海盗装束、宫廷式样为原型和以"好莱坞"早期服饰为原型进行的各种设计。东方和具有异域风情的服装，北非埃及风格、拉丁美洲风格、远东风格、北欧宫廷风格、维多利亚风格、日本风格、南非风格、中国风格等等。（图4-1-18，图4-1-19）

二是自由搭配的服装。古典的与现代的式样搭配于一身，东方式样和西方式样也可以混合在一起，不同风格相互碰撞出别样的火花。质感迥异的材料，厚与薄、硬

4-1-18 　　　4-1-19 贺云作品 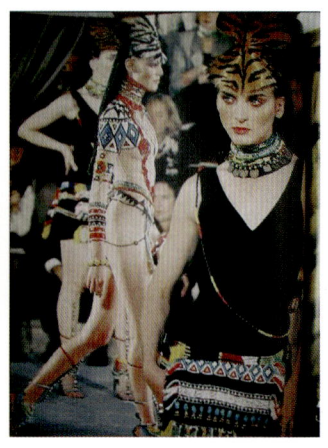　　　4-1-20 McQueen

与软均可以在一起和谐搭配。如图4—1—20是Jean Paul Gaultir07高级定制服装发布的美国原始风格服装；YSL中国元素的服装（图4—1—21），Vivienne Westwood混合了拉丁美洲风格的服装（图4—1—22）。

三是少数民族元素大行其道。少数民族服装由于它的边缘性，表现出异国情调和罕见主题。例如非洲原始部落民族用于宗教仪式、节日、喜庆以及日常自我修饰的服装就非常奇特，用文身、树枝树叶、动物皮毛、动物的牙齿装饰身体；用厚厚的猪油抹在头发上，并用豆荚、藤蔓、半截梳子、羽毛、鸟蛋，甚至整个鸟的身体装饰头发，McQueen06的设计就运用了这些元素。面部化妆也根据不同仪式，用强烈的色彩描绘出具有不同象征意义的图形，或者改变整个脸型，那种奇特的装饰甚至不惜残害身体来达到美化的目的。又如，南美洲的印第安人服饰，有着精美图案的羊毛披毯，墨西哥人的鲜艳大摆裙，印度的纱丽，中国苗族服装的百褶裙，彝族服装的矩形斗篷等等。把民族服装、特殊职业装作为设计灵感时，绝不要完全忠实于原始的服装式样，而应巧妙地吸取其内在精深的思想内涵，找出与时代的融合点，用现代的表现形式及新的设计理念使其展现新的面貌。

这些各具特色的灿烂民族民俗服饰都可以启迪我们的设计主题构思。图4—1—11中，台湾设计师组合Shawnyi by Yufengshawn 06秋冬发布，利用解构手法将中国苗族服饰元素与西方服装完美结合、图4—1—12中Alexander McQueen以夸张的手法再现了苗族头饰。

创意设计从不同文化背景、不同民族民俗穿戴、传统服装、过时服装、亚文化服装和这些被认为具有"异国情调"的服装中猎奇，创造出奇异的"新面貌"服装。

②生态主义哲学对服装设计理念的影响

生态主义哲学是人们在面对"二战"以来严重的生态危机和生存危机，为寻找其根源和寻求解决策略而发展起来的一种思潮，提出了"以自然为本"的哲学思想，它的出现标志着一种新的世界观和价值观的诞生。

服装设计师基于人们在工业发展中对能源浪费、环境污染、生态破坏的严酷现实，经过认识和思考，提出了绿色服装设计理念。例如拒绝使用动物皮毛，取而代之的是以新的表现形式出现的仿真新型面料；回归自然的色彩；研究节约能源和保护环境为主旨的设计经验和方法；研究使用纯天然无污染染料。更多地从回归大自然的生态环境着想，将自然界的形态，保护自然的意识体现在设计理念中，表现对自然的推崇和重视。同时，在21世纪的网络时代，现代生活节奏加快，人们的精神高度紧张，也使人们重新认识到宁静的田园生活的温情、友善及优雅的古典情调，希望能够给嘈杂繁忙的现代生活带来温馨的慰藉。因此，在服装设计中出现了以各种反映旧时宁静、安逸、平和、浪漫的乡村田园主题，在这样的社会背景及思想基础上受到人们的欢迎。图4—1—23～图4—1—25是Hussein Chalayan07春夏发布的未来主义设计，服装以节约能源为设计理念，尝试利用太阳能自动控制，调节服装的通风和保暖，图4—1—23是闭合保暖状态，图4—1—24、图4—1—25是慢慢打开的通风状态。Hussein Chalayan的这个设计既注重功能性又环保节约，而且

4—1—21 YSL　　4—1—22 Vivienne Westwood　　4—1—23　　4—1—24　　4—1—25

美观，是对未来服装设计有意义的试验性探索。图4-1-26是John Galliano、Alexander McQueen为代表的一群设计师以保护动物为主题的服装秀。其理念是，动物和人一样有生存和自由的权利，不能任意宰杀；图4-1-27是一组以鱼类为灵感的设计；图4-1-28、图4-1-29是Jean Paul Gaultier07以回归田园生活为主题的设计，用麦秆编织的面料和花饰头饰，丰收的金黄色自然温馨，充满浪漫的乡村情怀。

③解构主义对服装设计的影响

解构主义是在结构主义基础上建立起来的一种重要的现代设计风格，最早体现在建筑设计上，是后现代时期的设计师对设计形式和设计理论进行的探索。它主张对一切秩序和结构进行消解，通过偶然机遇、荒诞组合、随意堆砌，解构中心、解构抽象、解构具象，形成不同于以往的新形象。

在这一理念的影响下出现了解构主义时装。在时装设计中有对服装传统意义的解构，表现为设计师通常不考虑服装穿着的功能，而把服装设计成纯观念的、纯艺术的作品，如图4-1-30Hussein Chalayan的裸装和气泡装，表达设计师希望回归自然纯净的设计理念。另外，对于服装结构的解构，打破传统的开片方式，重新切片组合，形成与以往不一样的式样，或者在某些部位进行非常规的改造，如图4-1-31、图4-1-32。还有对图形的解构，将电影、电视、ＶＣＤ中的图形图像解构或者解构服装部件取其一部分用于服装设计，如图4-1-33Jean Paul Gaultier的设计。以及对传统材料的解构，采用与传统材料迥异的其他材料来制作时装，例如：木头、塑料、金属、人工合成材料等。

巴尔扎克曾经说过："应该像莫里哀那样，先成为一个深刻的哲学家，再去写小说。"如果把他的话稍加延伸，就是"应该先成为一个哲学家，再去从事艺术创作"。这意味着哲学思维与艺术创作有千丝万缕的联系。

（4）传统服装

多年来，从许多现象都可以看到，艺术的概念经常是随着时代的改变而改变的，服装的面貌也会打上时代的烙印，随着时代的变化而变化。不同的时代产生了无数优秀的时装设计作品，成为当代时装设计

4-1-26a McQueen　　4-1-26b John Galliano　　4-1-26c

4-1-27

4-1-28　　4-1-29 Jeen Powl Gaultier　　4-1-30 Hussein Chalayan

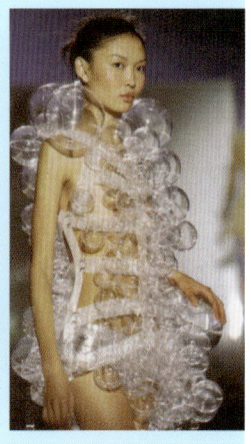

师发掘新的服装观念、主题和基调的来源。此外，基于人们对过去美好时光的留恋所产生的怀旧心理驱使，传统服装一直受到设计师们的青睐，成为设计主题灵感来源。例如，John Galliano、Vivienne Westwood、Kal Lagerfelde、Christian Lacroix等设计师都善于从传统服装中获取灵感进行现代设计。时装的真谛既是展示对未来的憧憬，又是表现对过去的追忆。所以，要了解服装的历史，综观服装发展史，把握时尚和流行呈螺旋式上升的规律。图4-1-34是电影《最后一个女皇》中的服装设计，既再现了古典宫廷服装的雍容华贵，同时又融入现代的服装观念，明亮的色彩，轻盈的材料，可爱的小装饰，深深地感动着时尚界；图4-1-35是John Galliano将东方民族元素与西方传统服装融合的设计；图4-1-36中，McQueen的灵感来源于北欧宫廷风格的设计；图4-1-37是Christian Lacroix07高级定制发布的古典风格服装；图4-1-38是灵感来源于古典服装的创新设计。

（5）各门类艺术

学习艺术的人都了解，许多不同的艺术门类都有相同的艺术原理，相互渗透相互影响，各种艺术都可以净化我们的心灵，激发我们欣赏美和创造美的心情。例如：建筑、绘画、雕塑、摄影、音乐等，其中的造型、结构、色彩、节奏、韵律、平衡、对比等美感原理都是相通的。时装设计可以从建筑艺术中获得造型的灵感；从绘画艺术中获得色彩色调构成的灵感；从音乐艺术中获得节奏韵律的灵感等。相反，时装又能反过来影响绘画、雕塑、摄影、动漫等艺术形式。

① 概念艺术对服装的影响

概念艺术又称为观念艺术。概念艺术出现在20世纪60年代中后期，根源可以追溯到西方思想源头。黑格尔认为概念高于物质，概念艺术旨在干扰艺术的惯常思考模式，表现为对非物质化和对语言基础化的重视，认为艺术生产及其产品并不能满足我们的最高需要，思辨和冥想超越了艺术。

概念艺术家为了尽可能全面地展示主体内在灵动的心灵，在创作实践中，常常是把创作的具体实践从开始到结束全过程的实践行为留存，一并展示于观众面前，而不仅仅是结果的那一瞬间。其"欣赏者变

4-1-31　　4-1-32　　4-1-33 Jean Paul Gaultier

4-1-34　　4-1-35 John Galliano

4-1-36 McQueen　　4-1-37 Lacroix　　4-1-38

33

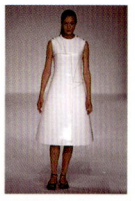

Designer:
Hussein Chalayan
(Picture22-25)
Fashion at the edge
Photographs:
Niall McInerney,
(Picture26-28)
www.style.com
Photographs:
Andrew Lamb

4-1-39 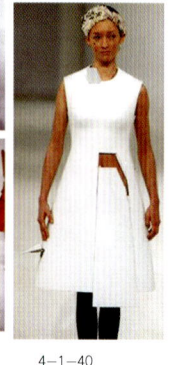　　　　　　　　　　　4-1-40 　　　　　　4-1-41

4-1-42 　　　　　　　4-1-43 　　　　　　　4-1-44

成了读者和主动参与者，因为并没有明显的艺术在眼前，读者们只能参与其中去创造和探索艺术体验"，感受同样的创造过程的快乐。

服装设计师Hussein Chalayan就为我们展示了这样的过程。他的服装设计作品更多地表现的是一种概念。他说："我对过程感兴趣，因为过程本身也是一件作品。大多数的设计师总是全神贯注于最终的结果，而我却对导致结果的因素更感兴趣。"他将丝、棉外套与铁锉屑一起埋进后院，看它们是如何氧化、腐烂和分解的，他还在伦敦著名的商场——Browns的橱窗里展示那些皱皱的、生锈的残骸。他的另一件作品"飞机"向观众展示了小男孩从遥控飞机，到遥控湖里的天鹅，再到T台上遥控模特儿与服装的全过程。如图4-1-39～图4-1-41裙摆在遥控器的指挥下下落、翘起、张开整个过程充满了机械运动之美。他还在设计中探讨了难民家庭的处境，使家具与服装整合到一起，目的是为未来的居无定所的人类设计的衣服，暗示人类的将来将失去国籍，成为永远迁徙的部落，并将行为艺术引入服装设计，如图4-1-42～图4-1-44在飞机跑道一样的T台上，由糖化玻璃所制成的裙子在另一模特儿手中的锤子敲击下，随机地碎裂成不同的形态，破碎的声音伴随着激光闪烁，展示着声光色的视觉的艺术。

②波普艺术对服装设计的影响

"波普"源于英语的"popular"一词，有大众化、通俗流行之意。20世纪60年代兴起于英国并波及欧美，它反映了当时西方社会中成长起来的青年一代的文化观、消费观及其反传统思想意识和审美趣味。

作品特征有逗人发笑的讽刺意味和幽默的气息。有对色情的迷恋，或含有政治成分，领袖人物以及政治运动都成为焦点；有商业运作、恐怖的场景，形象局部抽取出来拼凑在一起；人像、汽车、食品、家用电器放大，公众人物头像无限放大；琐碎的日常用品，譬如玩偶，不相干的东西不同尺度地被组合起来等等。波普艺术认为艺术不能仅供少数人享用，而应走向普通大众，进入每一个人的生活，因此要打破艺术与生活的界限，打破一切传统的审美观念。

其设计挣脱了一切传统的束缚，具有鲜明的时代性，表现出前所未有的形式。体现在服装的构思方面有摇滚、色情及政治主题，面向大众的街头流行服装等；设计元素有霓虹灯，科技制品；流行元素如可口可乐、芭比娃娃、玩偶等；面料方面，有反光塑料制品、涂层面料、人造皮革等；图案和配件的创新，改变了过去服饰装饰图案，电影、卡通、标志、明星头像等用于服装的装饰；色彩方面，鲜艳发亮的荧光颜色，单纯鲜艳；造型夸张、奇异、富于想象力；材料多选用塑料和廉价的纤维板、陶瓷等。其市场目标为青少年群体，迎合了西方现代青年桀骜不羁、玩世不恭的生活态度以及标新立异的消费心态。图4-1-45是威尔萨斯以80年代轰动一时的安迪·沃霍尔的作品"玛丽莲·梦露"为灵感来源设计的服装。图4-1-46、图4-1-47是波普图案、光与色组合成的波普风格的服装设计。

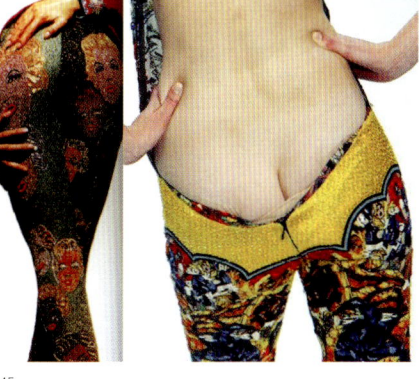

4-1-45 　　　　　　　　　　　　　　　　　4-1-46

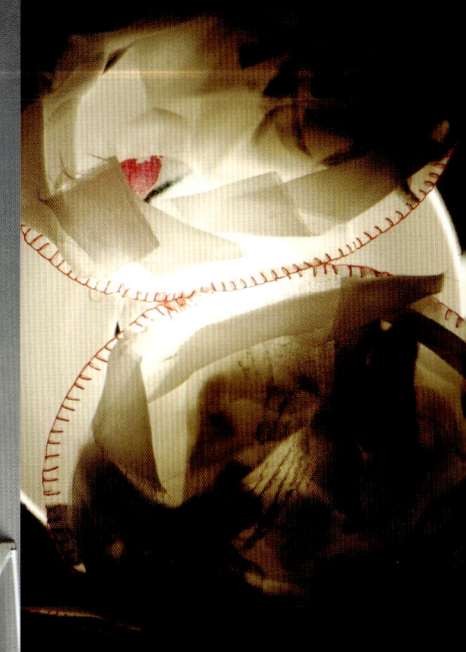

4-1-47　卢映洁

③超现实主义艺术对创意设计的影响

超现实主义是20世纪初期西方资产阶级的一种文艺思潮，它是由达达主义发展而来的，宣称达达主义是其先驱。超现实主义起源于法国，在两次世界大战期间曾支配法国文坛，影响甚广。超现实主义艺术表现一种潜意识的无理性的错乱梦境，呈现出来的是荒诞、奇怪、神秘的景象，代表人物是西班牙画家达利。

超现实主义者的宗旨是离开现实，返回原始，否认理性的作用，强调人们的下意识或无意识活动。超现实主义艺术家希望通过艺术去创造一种新的现实，一种高于生活的梦幻般的现实。法国的主观唯心主义哲学家柏格林的直觉主义与奥地利精神病理家弗洛伊德的"下意识"、"潜意识"学说奠定了超现实主义的哲学和理论基础。

超现实主义时装有以下特征：

图形或者实物不可思议地组合在服装上，构成超越现实的梦幻般的视觉效果。例如图4-1-48Vivienne Westwood的设计，女性的胃部是一个真实的婴儿头像。图4-1-49腰部是蟒蛇的血盆大口，另类且恐怖。

将超现实主义艺术家创造的图形元素用于服装设计。例如，将达利等超现实主义艺术家的绘画印在服装面料上。

运用拿来主义，将生活中的东西直接拿来组合在服装上，或用于服装的装饰，如图4-1-50，或者是餐桌上的刀叉，或者是DVD光盘。如图4-1-51McQueen的设计，用形象真实的蝴蝶装饰在服装上。图4-1-52～图4-1-54中，塑料夹子、彩色橡胶球直接拿来作为装饰。

关注时事，了解当代艺术，将其融汇于设计主题，是设计构思源泉之一。

4-1-48 Vivienn Westwood 　　4-1-49 　　4-1-50 　　4-1-51

4-1-52 卢映洁作品 　　4-1-53 卢映洁作品 　　4-1-54 卢映洁作品 　　4-1-55

4-1-56 　　　　　　　　　　　4-1-57 　　　　　4-1-58

4-1-59 　　　　　　　4-1-60  　　　　　　　　4-1-61

④建筑、音乐、绘画等艺术形式对创意设计的影响。

在这个没有疆界的艺术国度里，时装就像画室的调色板，各类风格的绘画作品经过稍微调配便可照搬在服装上。如图4-1-55服装与建筑是如此的和谐，相得益彰。图4-1-56～图4-1-64是装饰绘画、印象派、野兽派、达达主义、雕塑等艺术形式的另一番诠释。其中图4-1-59、图4-1-60，John Galliano07高级定制发布甚至干脆将调色盘和大笔触用在礼服设计上，真是酣畅淋漓。

⑤幽默艺术对创意设计的影响

滑稽、幽默、怪诞，生活中遇到的有些尴尬的事情运用滑稽和调侃便能有效化解。滑稽、幽默需要机智的头脑，找到截然不同的事物之间的相似性，将其内在联系起来。这在电影、戏剧、文学、音乐上都有不凡的作品。表现在造型艺术形式上，我们就称为怪诞。造型上的怪诞是将表面上互不相干，甚至对立的东西组合起来产生一种有趣的效果。它的优点在于重新创造，造成一种自然没有的，但想必可以产生的新事物；或者改变一个理想的造型，夸大其中的某一部分；或者有形无形，混乱不清，仿佛畸形的东西。日本著名服装设计师川久保玲设计的驼背装，以另一种眼光，相反的角度，出色地表现了怪诞也是新的美。John Galliano 06发布将侏儒、体形肥胖、小人、高人、老人都请上了T形台，各具个性的人，无论这个人的外形怎样，只要这个人是自信的，那这个人就是美的，Galliano让人们在怪诞和搞笑中体验到幽默的艺术之美。美国设计师Heatherette07春夏发布开场也是一群朋克装扮的模特儿，扭着滑稽的舞步一派欢快的景象。图4-1-65～图4-1-67以幽默的形式表现服装的内容。

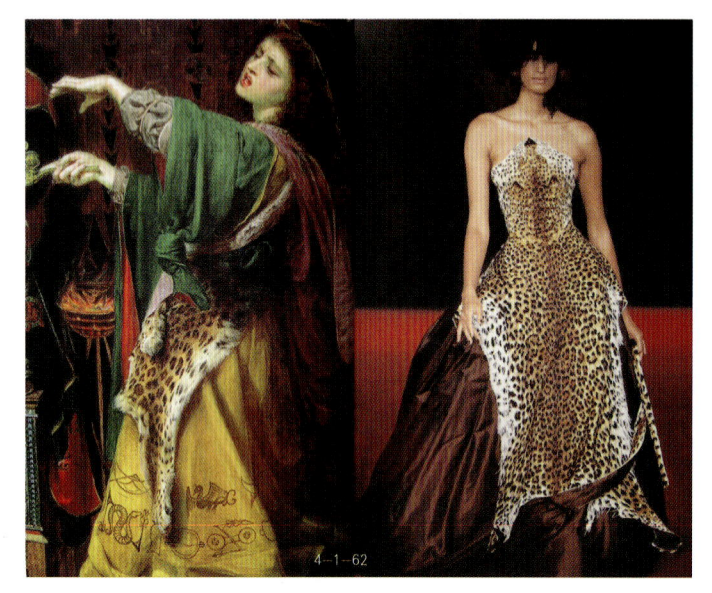

4-1-62

4-1-63

4-1-64a

4-1-64b

四、材料创意

面料设计是服装设计三要素之一，在实际运用中，形式、色彩和材料三者是相互影响相互渗透的。创意服装的材料设计除现成材料的运用与搭配外，还把设计转向对面料肌理的塑造。在面料上追求原始工艺的拙朴、探源绘画效果的表现、尝试太空科技时代感和运用平面构成技法等成为灵感溯源。如近年流行的立体服装面料受到建筑和雕塑艺术的影响，通过多种工艺方法，使织物表面形成凹凸的肌理效果，在面料上加珠片、刺绣等，增加了面料装饰效果。得体的面料设计处理方案是服装设计的关键，同时面料的质感和肌理也决定了服装的风格。

对面料创新的研究有利于对服装材料不同质感和性能的把握，把它运用到款式设计中，能更好地表现服装的艺术效果，美化着装者的体型。同时，对面料的创新拓展了服装设计领域，运用到创意服装的设计中更是取得了很好的效果。

材料的再造主要从以下方面入手：一是现成材料的运用与搭配；二是借助各种手段对材料的再创造；三是发掘新型材料。

4-4-1 彭奂焕作品

1. 现成材料的运用与搭配

现有材料丰富而多样，巧妙地加以组合可体现材料的多样性表达，强化服装材质在视觉上的创新，表现其丰富复杂的艺术审美效果。

现成材料大体上分为：

（1）梭织面料：指有经纱和纬纱，在织机上按一定的规律交织成的纺织品，质地有棉、麻、毛料、丝绸、人造纤维等；

（2）针织面料：是用织针使纱线构成线圈，再把线圈相互穿套而成的织物；

（3）非织造物：以纺织纤维为原料经过黏合、融合，或者其他化学、机械方法加工而成的纺织物。如合成革、塑胶制品、纸加工纤维制品等；

（4）皮革、皮草，具有光泽感的布料与表面凹凸粗糙的吸光布料的组合使用；

（5）特殊材料：指在创新设计中新型材料的开发运用，例如塑料、金属、木料、玻璃等。

材料的创新组合搭配，几乎无规律可循，可谓千姿百态，或和谐或对比、或丰富或单纯。也可以采用对比思维和反向思维的方式，打破视觉习惯，以另类的、不对称的美为追求目标，例如把丝绸和皮革、金属和皮草、透明与厚重、闪光与亚光、坚硬与柔软等各种材质加以组合，产生意料之外而又情理之中的视觉效果。此外还有相同材质不同色彩的面料搭配，以突出色彩的魅力。以及材料的拼接，将几种不同花色的面料拼接起来形成丰富多彩的材质美感。如同玩游戏，自由自在且随心所欲。（图4-4-1～图4-4-8）

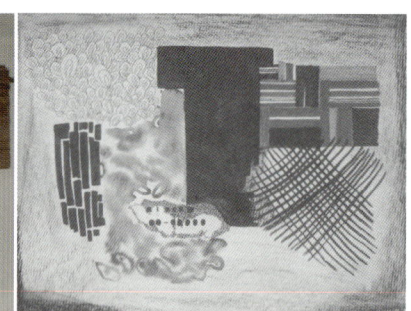

4-4-2

4-4-3

4-4-4 李谨作品

4-4-5 贺云作品

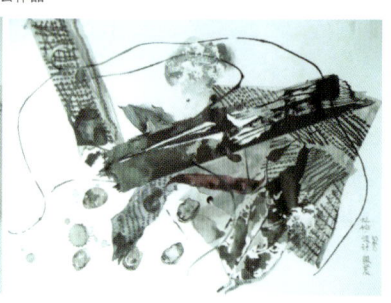

4-4-6

4-4-7 余芳作品

4-4-8a 贺云作品　　4-4-8b

2. 材料的再创造

服装材料艺术不仅表现为现成材料的搭配，还表现在服装材料的独特处理上，称为现有面料的再创造。材料的再创造有多种表现方法，大致归纳如下：

（1）材料的增型设计

材料的增型设计又称为材料的立体型设计。流行的立体服装面料受到建筑和雕塑艺术的影响，通过褶皱、折叠、填充等多种方法改变面料的表面肌理形态，在平面的布料上制造凹凸、降起，加强了面料的立体外观（图4-4-9、图4-4-10）。还可以将平面面料加入压褶、抽皱、拼接、珠片、刺绣、反光条、花边、丝带、铆钉、扣子，织入金银线、毛线、麻线等各种想得到的材料，在面料上添加各种精巧而别出心裁的装饰使本来平淡无奇的面料平添动静相宜、精致优雅的艺术魅力（图4-4-11～图4-4-13）。如图4-4-14固定在面料上的小瓶指甲油，显现独特的立体效果。

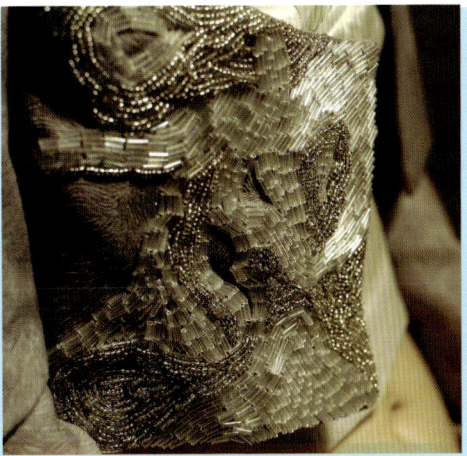

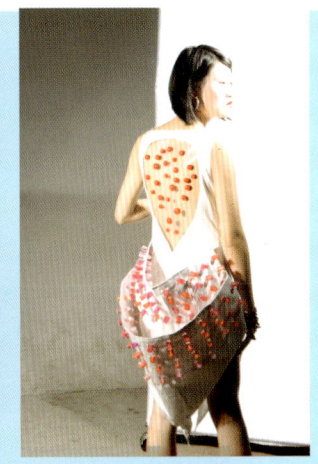

4-4-9

4-4-10

4-4-11a

4-4-11b

4-4-12

4-4-13a 余芳作品

4-4-14a 何玉颜作品

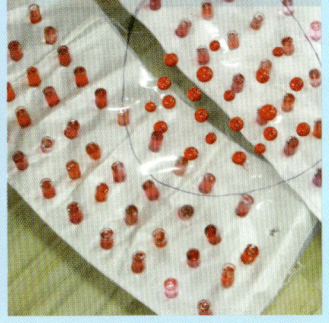

4-4-13b 余芳作品

4-4-14b 何玉颜作品

53

（2）材料的减型设计

材料的减型设计是指损坏成品或半成品的面料表面，使其具有不完整、无规律或破烂等特征。例如抽纱，将牛仔布等经纬纺织的布料，抽掉部分纱线制造出虚实感的布料，或者剪掉部分面料改变它原来的样子，使之具有镂空的效果，透出里层面料，以增加层次感等。（图4-4-15～图4-4-17）

（3）薄料设计

将轻薄的面料大量堆积，并与原有的单薄对比使用。有集中与分散、密与疏的节奏感，用在晚礼服和日常小礼服上性感而优雅。透明面料夹层的使用，颜色以及肌理的相互透叠产生朦胧的感觉，使原本强烈的色彩变得含蓄而柔和，蒙上一层薄纱的图案可增添神秘效果。另外透明的薄料与厚料组合使用，体现厚重与飘逸的对比，产生美的效果。（图4-4-18～图4-4-22）

（4）硬质的材料与外轮廓的塑造

硬质的材料是指：厚型的梭织面料、加烫有纺衬的薄型面料、皮革、铁丝网、玻璃钢、纸质材料等，以及采用高科技生产的各种硬性的可以塑造出特定的外轮廓的材料。硬质材料便于各种轮廓的塑造，为廓型创意设计提供可能性。（图4-4-23～图4-4-26）

（5）编结材料

编结材料分为机器编织与手工编织。机器编织快速，除制作成品衣物外还可进行坯布生产。手工编织以变化多端的多色嵌花、镂空花、绞花组织、绒圈、集圈组织等，为设计带来无穷灵感，成为创意设计构思的载体。编结所用的原材料除了各类现成的纤维纺线以外，各种条状织物均可以用于编结设计，例如布条、条形植物、细铁丝、包装带、电线等。编结织物再与其他梭织材料结合起来使用，更能呈现出变化无穷的材料美感。（图4-4-27～图4-4-33）

4-4-15

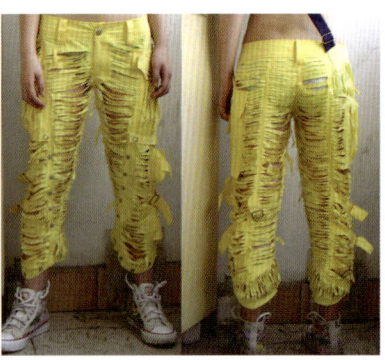

4-4-16 彭奂焕作品

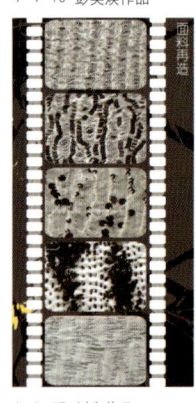

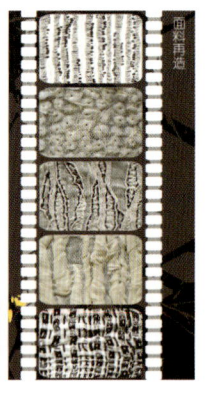

4-4-17 刘客作品

4-4-18

4-4-19 彭奂焕作品

4-4-20 Vouge

4-4-21 易秋霞作品

4-4-22

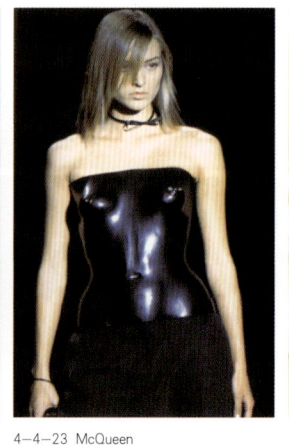

4-4-23 McQueen

4-4-24 05级学生作品

4-4-25 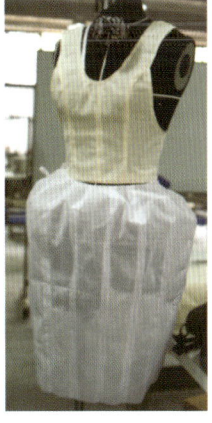　　　　　　　4-4-26 05级学生作品 　　　　　4-4-27John Galliano

4-4-28 　　　　　　　4-4-29 彭奂焕作品 　　　　　　4-4-30

4-4-31 　　　　　　　4-4-32 　　　　　　　　　　　4-4-33

55

3. 新型材料发掘与运用

新型材料的发掘运用是创意设计中不可忽略的重要部分。将非纺织材料以及之前从未用过的材料用于服装设计中，扩展材料设计的思路，探索实验新型的材料。例如Hussein Chalayan实验的铁屑面料、太阳能面料。又如纸制品、塑料、金属、木制材料、保温材料的设计与制作，以及对空间多层次的研究，追求多维性视觉形象创造，对材料质感和肌理的探索，对环保和节能的思考，人们不遗余力地展示材质诱人的魅力。（图4-4-34～图4-4-43）

材料由于它的多样和可塑造性成为设计师实现创意目的的有效手段。服装设计中新型材料的运用、面料再造和重组已广泛运用到创意设计和成衣设计之中，我们可以看到服装材料艺术广泛的创意空间和不可忽视的重要性。

在面料上赋予全新的变化和风格，更大限度地发挥材质视觉美感的潜力。同时，特殊材料的应用还延伸到了佩饰配件的各个方面，同样产生特殊的艺术效果。打开思维，广泛而有效地运用各种材料为服装艺术的探索开辟更广阔的空间。

4-4-34 李谯作品

4-4-35 李璇作品    4-4-36

4-4-37    4-4-38    4-4-39    4-4-40

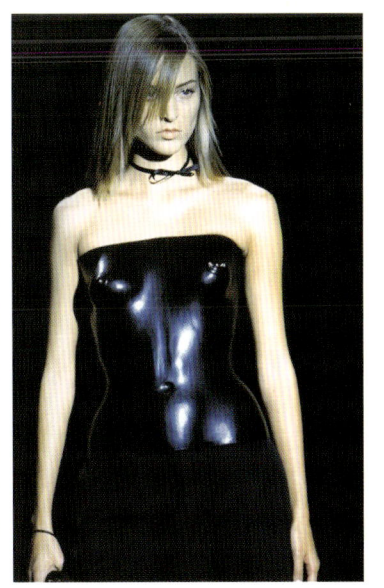

4-4-41　　　　　　　　　　4-4-42 John Galliano　　　　　　　　　　4-4-43

五、结构和工艺创新

1.结构

结构的创新设计是打破传统的结构设计方法，使之产生新的服装形象。传统的服装开片法是根据人体的生长结构和运动规律开片设计的，而在创新设计中所采用的反功能性设计，刻意违反人体的结构以及运动规律重新进行结构开片，限制人的功能活动，创造新的视觉形象，如同4-5-1、图4-5-2。不拘一格的开片和省道转移，不仅可以改变外形的视觉效果，结合人体造型还可以增加功能性设计。例如增大非弹性面料的活动量，新的开片既可以夸张人体的基本形体，也可以改变人体的外形，起到扬长避短的作用（图4-5-3、图4-5-4）。

结构的创新还包括功能性的创新设计。功能创新近年来受到时尚界的广泛关注，例如，由拉链控制的既具有通风透气功能又时尚美观的轻便鞋等，这是创新设计不可忽略的另一角度。

结构设计在整个创新设计完成过程中还起着承上启下的关键作用。面对不同的款型，要经历结构的划分、省道重新设计、立体结构塑造等过程，达到直观完美的效果，应鼓励在传统立体结构及平面结构的基础上创新设计。

4-5-1 宋丽作品　　　　　　　　　　4-5-2a 马睿作品　　　4-5-2b 袁加隆作品

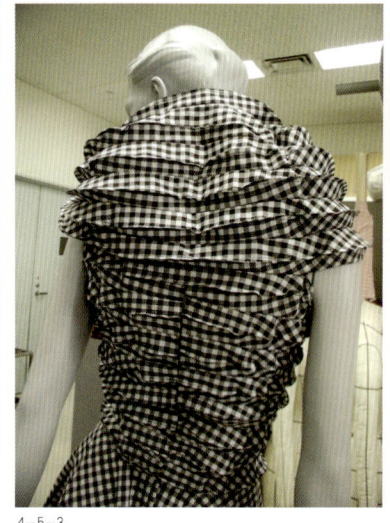

创意服装设计的结构设计，在平面结构设计的基础上加重了立体裁剪的比重。在实施立体裁剪的过程中，将布用大头针固定在人体模型上，可以直观地塑造出想要表现的结构和外形，通过折叠、抽缩、缠绕、堆积等技术手法构成所需要的服装造型（图4-5-5）。还可凭借所使用材料的具体折光感，量感和材料质感、线条的垂感，启发和修正设计灵感，完善构思，并最终获得准确、理想的服装造型。这也是一个不可忽略的再创造过程。

4-5-3

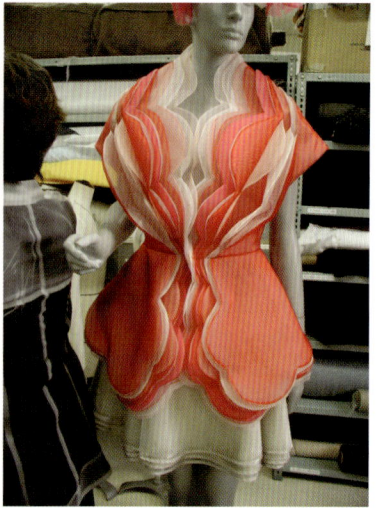

4-5-4 日本文化服装学院学生作品

4-5-5 彭奂焕作品

2.工艺

首先了解传统工艺的各种手法，高级时装传统工艺讲究精工细作，里外做工精湛，不留任何毛边和看不到线头。在创新设计中利用反向思维，反传统工艺中的精雕细作，保留缝制过程中的部分未完成状态。例如：故意反缝、反卷边、保留毛边粗缝、留线头、碎片拼接或部分缝合等，或者有意将缝制过程展示出来，带给人不完整的残缺的、未完成的美感。（图4-5-6~图4-5-11）

4-5-6a

4-5-6b John Galliano

4-5-6c John Galliano 发布的工艺缝制过程 　　4-5-7 John Galliano 留毛边粗缝 　　4-5-8a John Galliano 缝制过程

4-5-8b 留线头马燕作品 　　4-5-9 留毛边反缝 　　4-5-10 碎片拼接 　　4-5-11 Vivienne Westwood 碎片拼接

六、创意设计的装饰美感

对某件物品进行装饰，目的是要使这件物品看起来更加丰富多彩，同时也在一定程度上为我们解释某种特征、现象、心境、理由。给房间选择装饰品的时候，是为了体现房间的格调、价值。同样，服装上的装饰也要表现某种象征、风格、美感、协调和新鲜感。服装的装饰可以把它归纳为：图案装饰、点线面的装饰、自然物的装饰、腰部的装饰、服饰配件的装饰等。当然，装饰手法远远不止这些，新的想法永远会取代旧的想法，以前的方法也会启发后来的创新，这样循环往复永无止境。别具一格的装饰可以起到画龙点睛的作用，是服装创意设计不可或缺的一部分，装饰上的创意也可以有效地体现服装的整体设计。

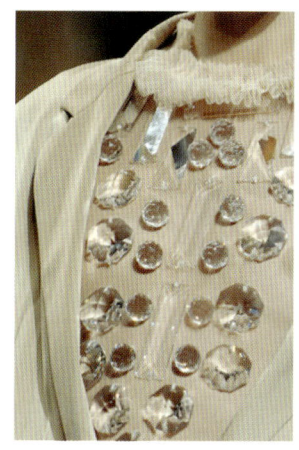

4-6-1 Vikor & Rolf 07春夏作品 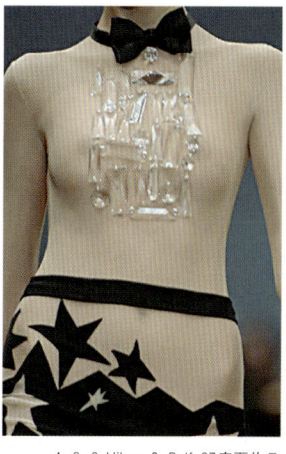　　4-6-2 Viktor & Rolf 07春夏作品 　　4-6-3 余芳作品

4-6-4

4-6-5 滑会洋作品

4-6-6 彭奂焕作品

4-6-7 Chanel

1. 图案的装饰

　　世界各民族的图案丰富多彩，如东方的祥云、西方的卷叶草。有从自然物中提取的动物、植物、海洋生物、山川河流、宇宙太空等具象图案，也有表达不同情绪特征的抽象图案。服饰图案可由印花面料自身构成各式各样的图案图形；也可自由设计拼贴；可以在裁片上画；也可以染（如印染、扎染、蜡染、退色染）；可以机绣、手工绣。手工绣有丝线绣、棉线绣、毛线绣，绣出来的图案除了艺术价值以外还有劳动的附加值，是艺术时装、高级时装、高级成衣常用的艺术表现手法。除此外，还可以通过缝珠片、亮片等构成图案。风格各异的图案图形表达不同的设计主题和观念。各类材质的选择，图案的奇异构成与组合方式，平面与立体的对比，粗糙与细腻的相映，为创意设计提供了无限的可能性。如图4-6-1、图4-6-2Viktor & Rolf07春夏用水晶组成的几何图案装饰，晶莹剔透中透出高贵与现代。珠片宝石镶嵌在高档时装上，显得华丽和高贵。同时，在一般时装上的运用也体现了时髦和时代特征，图4-6-3刺绣的牡丹花图案，别具一格、图4-6-4中的民族图案装饰和图4-6-5拼接的菱形图案装饰都起到了丰富服装形象和表达风格特征的作用。

2. 点线面的装饰

　　点、线、面的构成是造型艺术的基本语言。服装中点的构成有，图案、扣子、胸花等；线的构成有，外轮廓线、省道线、门襟线、结构线、装饰线、折裥、口袋线、领围线等；面的构成包括前襟、袖子、后背等。这些各部分的比例划分，长短强弱的组成关系关联到整件服装的造型，要有意识地组合它们创造出新的形式美感，装饰线的分割也可以构成服装的款式特征。如图4-6-6，几何图案构成的点状装饰，用两种、三种甚至可以用更多的材质拼接成图案，不仅有图案的美感还有材质对比的美感。如图4-6-7，夏奈尔06的这款设计用胶囊和药片作装饰，选择特别的材料装饰使设计更具有创意性。任何事物之间都不是孤立的，总能找到相关之处，在设计中试图将看似不相关的事物融合在一起，或许会在你无法预期的地方发现艺术灵感。

3. 自然物的装饰

　　以自然中的植物、鸟类、鱼虫为灵感

的服装装饰，表达了人类对自然的向往、歌颂和爱戴，而且自然美景也给欣赏她的人带来赏心悦目的快感。

花是最能传达美的事物之一，娇艳、美丽，人们之所以爱花，除了她的美丽以外，还蕴涵特别的意义。桃花是少女的象征，白色的丁香花表示纯洁，紫色的丁香花带点爱情色彩；牡丹、梅花、菊花、荷花代表东方情韵，红玫瑰、康乃馨代表爱情和友谊。各类花饰美不胜收，有平面拼贴的花、有浮雕花、有立体花、有自然花也有人造花……花在礼服设计中运用最为广泛。图4-6-8～图4-6-10中，这几个系列共同的别致之处都是与花儿有关，玫瑰、牡丹、紫罗兰、万寿菊和天竺葵，都是设计师最喜爱的题材，难怪如此花团锦簇。通常可以自制各种类型的花，用于创意服装设计的装饰。立体的手工花制作方法有很多种：如布料、塑料等直接剪成花形，平面的或填塞一些人造棉形成浅浮雕立体的贴花；也有利用现成的印花面料将花朵剪下来，拼贴组合缝制成各种立体花饰；还有自制的干花、手编花、勾花，或者是刚摘采下来的新鲜的花朵等（图4-6-11～图4-6-14）。

4-6-8 彭奂焕作品

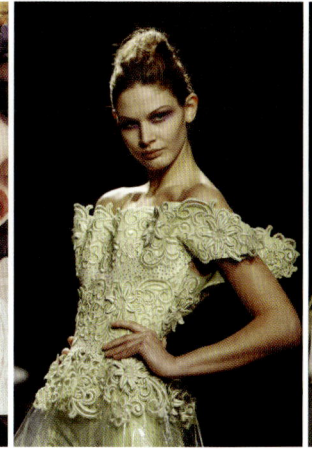

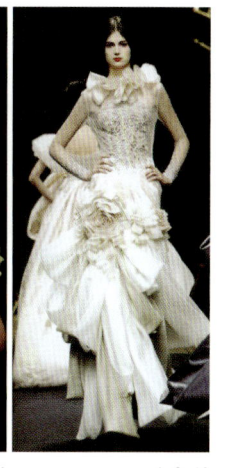

4-6-9 彭奂焕　　4-6-10　　4-6-11　　4-6-12

4-6-13 D&G　　4-6-14

4.蝴蝶结与荷叶边的装饰

蝴蝶无论颜色或是造型都非常美丽，蝴蝶结作为一种重要的装饰手法，一次次将优雅呈现出来。荷叶边的自由波形能表达浪漫情怀，小荷叶边甜美可爱，大荷叶边自由奔放，用荷叶边装饰的设计能抒发浪漫柔美的内心世界。

同样是蝴蝶结与荷叶边，采用不同的装饰设计手法可以体现不同的风格特征。Dior 表现的是一种雍容华贵；Rodarte 表现的简约大气，Yohji Yamamoto 呈现的是硬朗与妩媚，直线与曲线的对比。Valentino 将其用在套装设计中增加了礼服浪漫优雅的韵味；Viktor & Rolf 表现了中性气质，简洁干练；Lacroix 表现的是甜美可爱；Central Saint 表现的是未来感等。图4－6－15～图4－4－17中的蝴蝶结与荷叶边也各自表达着不一样的感觉。

4－6－15　　　　　4－6－16　　　　　4－6－17

5.羽毛的装饰

孔雀美丽的羽毛和高贵的姿态给爱美的人提供了参照。用孔雀羽毛或其他鸟类羽毛修饰人体的历史仅次于用树叶和兽皮，是最早出现的装饰手法，它具有原始性，同时又富于高贵的感觉和戏剧性。不过用动物羽毛作装饰会受到环保人士激烈的反对，每一个热爱自然的设计师在使用动物皮毛的时候也会于心不忍。所以现在出现了色彩美丽，毛感宜人的人造皮毛代替动物皮毛，如此，既保护了动物又能满足人们的爱美之心。图4－6－18～图4－6－22是以各种人造羽毛为装饰的设计。

4－6－18　　　　　4－6－19

4-6-20　　　　　　　　　　　　　4-6-21　　　　　　　　　　　　　4-6-22

6.折裥、细节的装饰

有了整体的形式、色彩、材料，服装的细节装饰也是不可或缺的。细节的装饰体现在很多方面。折裥和滚边在丰富细节上的表现尤为典型，折裥使平面的织物呈现立体状态，折裥的制作手法也很丰富，这在专门的面料再造书中有具体制作方法介绍。缎带滚边、袖口开叉、领口镶边等细节装饰使整款衣服显得精致耐看。(图4-6-23～图4-6-25)

4-6-23　　　　　　　　　　　　　4-6-24　　　　　　　　　　　　　4-6-25 John Gralliano

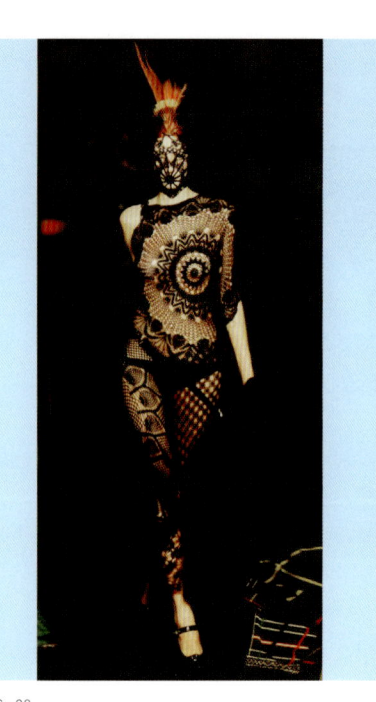

4-6-26　　　　　　　　　　4-6-27　　　　　　　　　　4-6-28

7.蕾丝

蕾丝是以各种花、叶、卷叶草组成的网眼织物，发源于欧洲，具有浪漫、性感、可爱等多种装饰效果。通常作为花边用在袖口、领口、裙边等。除此之外用于其他形式的设计也会有不一样的效果，可以尝试与金属搭配或与皮革、草编搭配等，如图4-6-26~图4-6-28。

8.服饰配件的装饰

服饰配件包括头饰、手饰、腰饰、鞋、包等，是构成整体设计和风尚设计的重要部分，这些配饰在整体设计中起到补充和丰富设计系列的作用。作为配饰的设计要服从整体的需要，起画龙点睛的效果。也有将配饰作为主体创意设计的范例，例如夸张头饰、夸张首饰、夸张口袋的创意设计等，说明它

4-6-29

4-6-30　　　　　　　　　　　　　　　　　　　　　　　　　　　4-6-31

4-6-32　　　　　　　　　　4-6-33　　　　　4-6-34

在创意设计中是无所不能的。

帽子在某种意义上成为时尚轮回的历史见证之一，它与服装款型、色彩等共同参与时尚与风格的再现，有时候一款设计仅仅因为有一顶别致的帽子便大大提升了整款服装的主题与品位，所以设计师在这方面下了足够的工夫。(图4-6-29~图4-4-34)

腰部体现女性的性感，对女性腰部的塑造甚至形成了一场时尚革命，腰部的装饰设计更是受到设计师的普遍青睐。腰部的装饰可以造就女性形体，体现婀娜多姿的身体特征，例如图4-6-35，McQueen的这款晚装设计，腰部夸张的皮革材质装饰制作独特，与柔软的丝绸面料形成对比，顿时改变了整款礼服的风格，并赋予了它时代的印记。(图4-6-36~图4-4-38)

4-6-35 McQueen

4-6-36 金属的腰部装饰使普通的连衣裙具有未来科技感

4-6-37 在现代服装上点缀民族风格的腰带,增添了混搭的韵味

4-6-38 在现代服装上点缀民族风格的腰带,增添了混搭的韵味

9. 另类的装饰

在后现代艺术与设计中,没有什么东西是不能拿来用的,一切存在的都是合理的,不拒绝一切创造与新意,创意服装的装饰当然不会例外。在这里与传统的美完全背道而驰的装饰、与服装风格对立的装饰或者从来没有在服装中出现过的配饰都被用在了装饰中,表现出让人惊奇的效果。例如骷髅、人骨、软管、刀、叉、盔甲、巨大的石头废弃物等等,丰富着这个万花筒般的时尚世界。

图4-6-39中,紧身胸衣上部的皮带装饰,是传统与现代的有机结合,图4-6-40中,硬朗的,犹如汽车轮胎的腰饰与甜美的公主服组合,形成经典与现代的另类搭配。图4-6-41~图4-6-47中,有塑料纸、机械内部结构零件,瓶盖等。

想象力是无边的,犹如宇宙的浩翰无边。在后现代这个猎奇和宽容的时代,只要你能想到便能实现,只要你能实现便有让人认识和理解的机会。所以,勇于创新就有成功的可能。

4-6-39 Gaillter

4-6-40 Gaillter

4-6-41

4-6-42　　　　　　　　　　　　　　　4-6-43　　　　　　　　　　　　　　　4-6-44

4-6-45 Hussein Chalayan　　　　　4-6-46 复旦作品　　　　　　　　　　4-6-47

　　本章分为服装设计的七个方面，创意服装设计正是通过观念、款型、色彩、材料、结构、工艺、装饰这几个方面的创新，创造和以往不一样的、有新意的新面貌。今年取代去年，明年取代今年，年年不一样，每年都令人期待，并年年带给关注时尚的人士以惊喜。哪怕这种新意往往是局部的、有延续性的，却并不影响人们从中获得愉悦和不遗余力的追逐。

　　本章教学重点：明确从观念设计到最后完成设计制作，是一个承上启下、全面设计、整体控制的过程。不能重此轻彼，才能达到最后完成的整体效果。

　　本章教学建议：课程全过程应课堂教学、市场调研、实验室教学相结合。

　　教学时间分配：课堂教学占30％，市场调研占10％，实验室教学占60％。

第五章

风格形象

"风格是创作所采取的或应当采取的独特而可辨认的方式。"(《艺术与人文科学》)风格显现在艺术、环境、生活和工作的各个方面。某人的衣着、做事情的方式、语言表达等行为如果具有一惯性,那么就可以称之为"风格"。一切艺术形式都具有它自身独特的风格,服装也一样,各个大牌的服装都有与别人不同的设计理念和风格形象,例如"Dior"的风格是经典传统,"夏奈尔"的风格是甜美优雅,"薇薇安·韦斯特伍德"的朋克风格是在传统基础上的叛逆。时尚是不断变化的,服装的风格形象也会随着技术的改进和时代的变迁而改变。例如克里斯丁·迪奥时代的"Dior"经典传统是恢复古典时期的形象;伊夫·圣·罗朗时代的"Dior"在经典传统中融入了街头和异国情调;而约翰·加里亚洛时期的经典传统充满着戏剧化色彩;后现代形成了将各种风格混合搭配在一起的无风格的风格。但无论时代怎么变迁,"Dior"的经典传统的精髓是不会改变的。以不变应万变也是一种风格,例如无论社会变得多么先进,交通多么发达,英国女王仍然坐着马车去国会,这是一种古老的风格,这种古老的风格同时又具有权威性,那么这也是一种时尚。

一、古典风格

古典风格形象——指正统的、真实的、传统的经典保守风格,不受流行左右的服装。欧洲古典风格的服装强调女性特征,以紧身胸衣和大蓬蓬裙最为典型,如图5-1-1。东方各民族也都有自己的传统服装,例如中国的旗袍,日本的和服,印度的纱丽。现代服装设计中的古典形象,灵感来源于古典服装风格,追求严谨、高雅、文静而含蓄,是以高度和谐为主要特征的一种服饰风格。图5-1-2是古希腊服装风格的现代设计。图5-1-3是欧洲古典风格的现代设计。图5-1-4是Dior融合后现代设计元素和传统服装观念的设计。

5-1-1 　　　　　　　　　　5-1-2 　　　　　　　　　　5-1-3 　　　　　　　　　　5-1-4

二、前卫风格

这里的前卫是指抽象派、幻觉派、超现实等前卫艺术，从爆炸式（朋克式）摩登派等街市艺术中获得灵感来源，是奇、新、异的服装形象。如果说古典风格是脱俗求雅的，那么前卫风格就是异俗追新的，表现出一种对传统观念的叛逆和创新精神。

造型特征：以怪异为主线，所以比较古怪少见。富于幻想，如超现实的抽象，诙谐幽默和悬念，神秘恐怖等。是对现代文明的嘲讽和对传统文化的挑战，追求离经叛道与标新立异。

1. 朋克式风格

产生于20世纪70年代后期，由于对社会体制的不满，在体制反叛中诞生了朋克式的服装式样，带有曲别针、链条、图钉等的黑色皮夹克，莫西干族人（居住在美国康涅狄格的东南部的印第安人）的爆炸式发型等是最明显的特征。(图5-2-1、图5-2-2)

2. 抽象派风格

服装设计大师伊夫圣洛朗，将蒙德里安的几何抽象绘画用于服装设计，从而开创了抽象绘画用于服装设计的先河。抽象派风格是20世纪50年代盛行于西欧的美术流派，强调形式至上，而忽略内容的一种非写实主义风格的绘画。服装的抽象风格是指由抽象艺术中获取的灵感而设计的服装。例如图5-2-3a，著名设计大师圣洛朗曾把蒙德里安的抽象画应用于连衣裙的设计。图5-2-3b是面料为抽象图案结合科技材料的服装设计。

5-2-1

5-2-2

69

5-2-3a YSL   5-2-3b YSL

3. 欧普艺术风格（光效应艺术）

产生于20世纪60年代，是当时欧美流行的现代艺术。欧普艺术的特征是利用几何图形和色彩对比来产生各种形与光的运动，能造成人的视觉错乱。它的主体常是以直线、曲线、圆和三角形等几何纹样构成。欧普艺术对服装的影响，主要是在服装面料，纺织印染方面而非款式和结构设计，闪光面料以及面料上的几何纹反复堆砌，形成一些结构变化及视觉幻象，能产生新的视觉效果。欧普艺术自60年代开始一直被时装设计师采用，并有了"欧普风貌"（OP Art Look）一词。（图5-2-4～图5-2-6）

5-2-4   5-2-5

5-2-6a

5-2-6b

4．波普艺术风格

波普艺术在服装上的运用表现为设计师们为追求生活的情趣，常使用色彩鲜艳的反光的塑料制品或政治口号、公众人物的头像、霓虹灯管、玩偶等作装饰；荧光色彩、涂层面料、人造皮革等是其风格特征。如图5－2－7美国设计师组合Heatherette 推出的波普风格的服装。

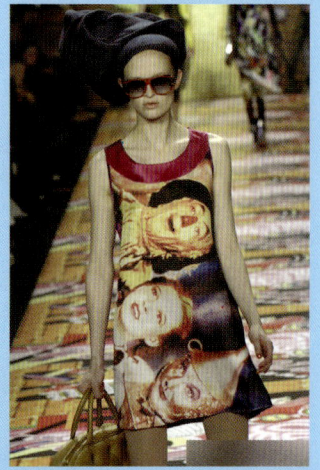

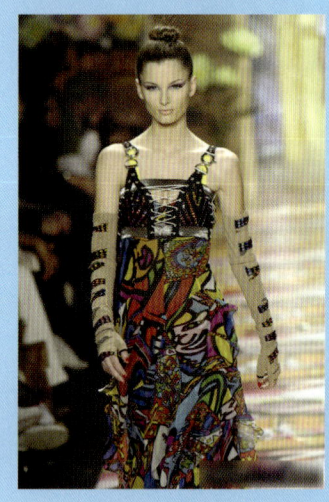

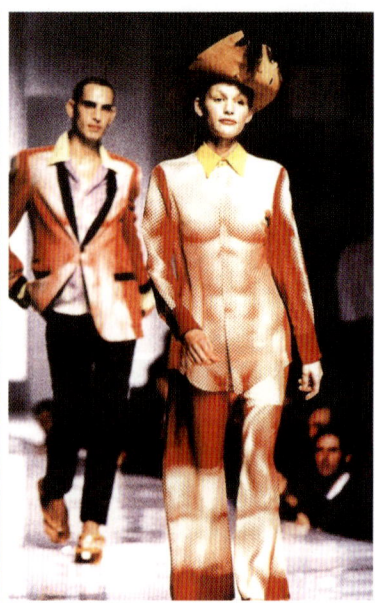

5－2－7

5－2－8　　5－2－9

5、超现实主义风格

服装受超现实主义艺术风格影响，将超现实主义的图形元素用于服装设计。常常把超现实主义、未来主义画家们的画、非洲人的图腾、文身的纹样、各种抽象图案，甚至骷髅、骨骼、肌肉、食品作为装饰印在花布上。超现实主义风格服装还善于把现成的东西拿来直接用在设计上，产生奇特的荒诞效果。如图5-2-8～图5-2-12中短裙上的手套、背上的扑克牌、面料上的肌肉组织和人体结构以及悬在半空中的人等，都呈现给人以超现实的荒诞景象。

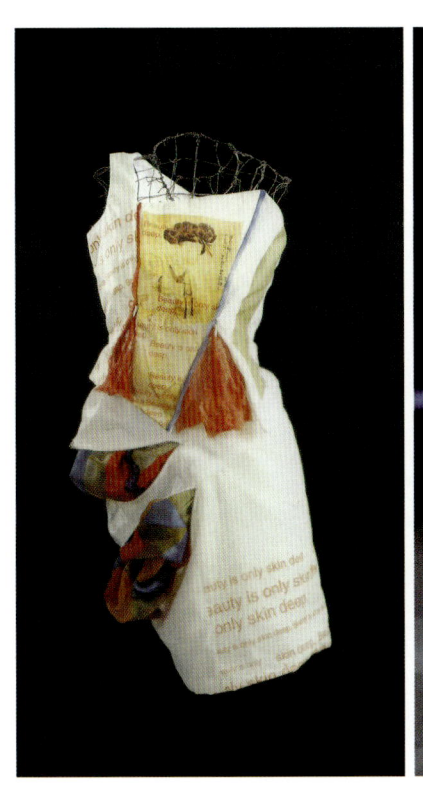

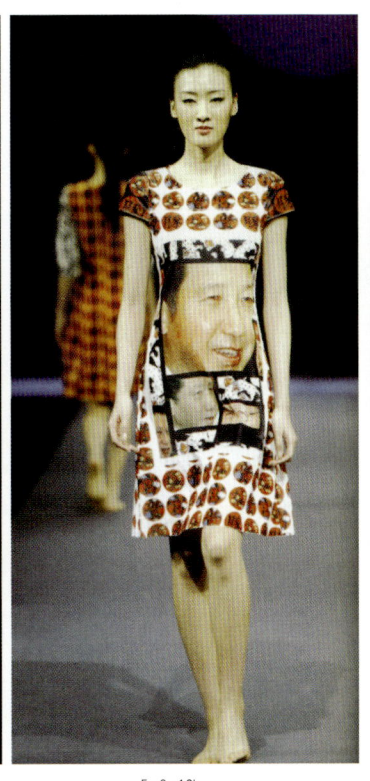

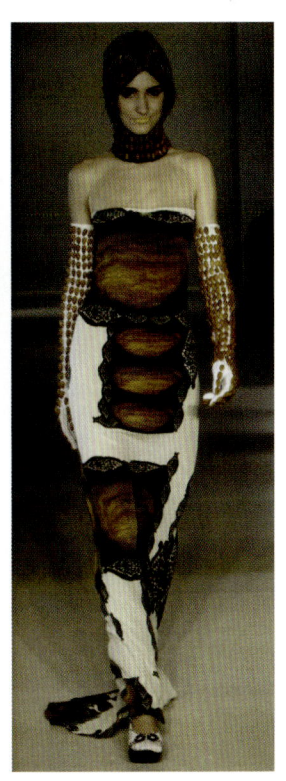

5-2-10　　　　　　　　　　　　5-2-11

5-2-12b

6. 宇航服或未来风格

对未来世界和外天空的想象，把从"科幻电影"和"宇航服"感觉到的未来形象作为灵感设计的服装，也称之为"宇航服"式样或太空服式样。材料多采用以尖端技术手段创造出来的有光泽的人造材料，款型简洁，妆容冷峻。（图5-2-13～图5-2-18）

5-2-13

5-2-14

5-2-15

5-2-17

5-2-16

5-2-18

7. 混搭风格

产生于后现代时期的设计风格。将相对立截然不同的两种甚至是多种风格混合搭配在一起，形成一种无风格的风格。例如图5-2-19将未来风格的紧身摩托裤与皮草搭配，图5-2-20波普风格的上衣、浪漫风格的长裙、菱形条纹中裙混穿起来，图5-2-21、图5-2-22多种材料与风格的混合等，呈现出奇怪的随心所欲的后现代混合搭配的风格。

5-2-19

5-2-20

5-2-21

5-2-22

三、高贵雅致的风格

高贵、雅致的风格形象，指优雅纤弱，上品的服装形象。表现成熟女性那种脱俗考究、优雅稳重的气质风范。多以女性自然天成的完美曲线为造型要点。最具代表性的服装是用有精细花纹，柔软的丝绸面料设计制作的礼服，如晚礼服等。（图5-3-1～图5-3-3）

5-3-1　　　　　　　　　　5-3-2　　　　　　　　　　5-3-3

四、运动的风格

快节奏紧张的都市生活过后，人们热衷于休闲和运动以缓解精神压力，保持健康和有型的身体，这些是都市人追求的生活和状态。运动休闲从运动装、工装、军服等获得灵感启示，运动感的服装形象，与高贵雅致形成对应效果。彩色或黑白条纹，运动帽和休闲鞋是设计元素特征。Jean Paul Gaultier08春夏发布在运动风格的服装中设计了精致的刺绣，给运动服装注入了时尚元素。图5-4-1弹性面料的修身设计，条纹图案与活泼色彩，透出时尚与轻盈；图5-4-2滑雪板、很长的宽条围巾、针织雪帽，增添了时尚气息。

5-4-1　　　　　　　　　　5-4-2

五、浪漫、柔美的风格

指甜美、柔和富于梦幻的纯情浪漫女性形象，或少女的天真可爱，或大胆性感的女人味风格。造型多为柔软、纤细、飘逸流动的线条；色彩鲜艳、粉嫩；面料为薄软、华丽透明的设计。局部常采用波形褶边，花边布等装饰。（图5-5-1~图5-5-4）

5-5-1

5-5-2

5-5-3

5-5-4

六、男子气的风格

与浪漫柔美的女性形象相对应，大致包括：

1. 中性风格

指没有男女区分的服装风格，诞生于20世纪80年代初期。（图5-6-1）

2. 男式风格

吸收采纳了男性服装要素的女子长裤套装等形象。（图5-6-2）

3. 花花公子风格

指风流、洒脱的男子形象，具有英国绅士般古雅格调的风格特征，暗色的纵条纹西服套装等。（图5-6-3）

4. 军服风格

吸收军服中常见的肩章、金属扣、勋章、立领等局细部设计要点，是实用性、机能性强的男式服装形象。（图5-6-4）

5. 飞行风格

服装形象灵感来源于飞行员服装，宇宙太空服等，防护镜，皮革面料，具有功能性的装饰等。

6. 猎装风格

狩猎、探险时用的服装。细长合体的廓形，肩章及四个对称的贴袋，米黄色等地球色的棉工装布和华达呢类面料最为常用。牢固、结实、机能性强，很实用。（图5-6-5）

7. 工装风格

吸收了牛仔、连衫裤工作服、工装背带裤、工装衬衫、外衣等设计理念，大胆使用明线、大袋、拉链等进行局部设计，结实耐用，强调机能性是其最大的特点。

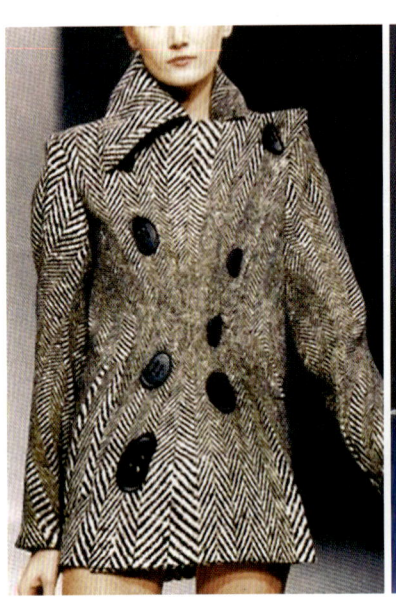

5-6-1　　　　　　5-6-2　　　　　　5-6-3

5-6-4　　　　　　5-6-5　　　　　　5-7-1

8. 海军形象

蔚蓝的大海,海浪的波纹,浪漫休闲并不失优雅的服装形象。

七、现代风格

1. 都市风格

饱经大都市锤炼,富有时代内涵,机能性强,脱俗、考究、冷静的服装风格。与民族风格相对立,多用无彩色和冷色系;造型立体而多由直线、棱角构成,与都市建筑、宽广笔直的马路相呼应,是一种简洁利落的现代化景观。(图5-7-1~图5-7-3)

2. 极简主义风格

极简主义是一种艺术表现风格,诞生于20世纪60年代的美国。在设计上追求"少就是多"的设计理念,感官上简约整洁,品位和思想上更为优雅。极简主义风格的服装,蕴含冷静理性的思考,简约精准的裁剪,工艺考究,廓型保持与人体的线条基本一致,回归舒适的材料。代表品牌有"Jilsander"、"Kalwenklaien"。(图5-7-4)

3. 迷你风格

英文minimalism一般译为"最小的极限",小到不能再小。在服饰中指"最大限度"地去掉多余部分,用短到极限的态度去表现服装,其风格明快、大胆、奔放、充满魅力。(图5-7-5~图5-7-7)

5-7-2 　　　5-7-3 　　　5-7-4

5-7-5 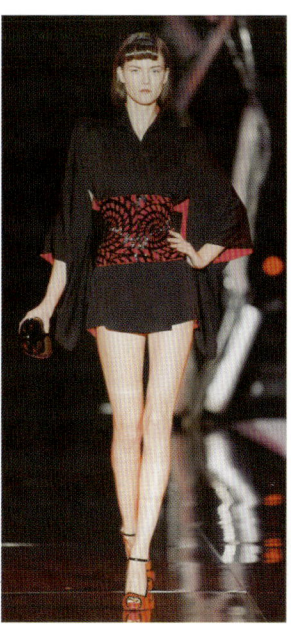　　　5-7-6 　　　5-7-7

八、民族民俗风格

世界各民族服装风格丰富灿烂，各具特色。民族风格的服装指从亚洲、非洲、中东、南太平洋、南美洲、北欧等民族的服装中获取灵感而设计的服装，包括了东方风格、非洲风格、热带风格、北欧波西米亚风格、美国西部风格、美国原始风格等。了解世界各民族服装风格形象，可为创意设计提供丰富的灵感来源。如图5-8-1中国苗族百鸟衣上精美的刺绣图案，和谐的色彩搭配为现代设计提供宝贵的艺术启迪；图5-8-2，设计行云流水，充满东方格调；图5-8-3是浪漫的波西米亚风格；图5-8-4～图5-8-6是原始的非洲风格。

5-8-1 盛装百鸟衣，榕江苗族，清末

5-8-2

5-8-3

5—8—4

5—8—5

5—8—6

81

九、回归自然的田园风格

古朴的乡村、大漠荒丘、原始森林及高山雪原是灵感的来源。服装特征为：不加任何装饰，自然宽松的线条，故作粗野且衣衫褴褛，崇尚回归自然和人性。以白色、天然纤维色、树木花草等地球本色为特征。面料具有传统的手工感、干燥和有明显触感，还有洗褪色了的材料和补丁。主题多为生态环保，原始风格等（图5-9-1～图5-9-3）。田园风格设计理念是回归自然的宁静，似乎让人感受到和煦的风，感受到土地和干草的香味沁人肺腑。其特点是无拘束的线条，清新自然的色彩，纯天然的材料，装饰自然的小花朵、麦秆、鸟兽鱼虫等。（图5-9-4、图5-9-5）

做设计与做艺术一样，要形成自己的风格。所有的艺术大师总是坚持了自己独特的风格，并在时代中寻求平衡。有这样一种说法，"世界上没有两条河流是相同的"，那么我们每一个人也一样，没有完全相同的两个人。我们有与其他人不一样的个性，风格是我们每一个人与其他人不一样的内心，用我们自己的"心"去做设计，才能做出与别人不一样的设计，从而形成自己的风格。

5-9-1　　　5-9-3　　　5-9-5

5-9-2

5-9-4

82

第六章

教学计划与作业安排

一、教学目标

1. 实现重视设计过程的教学理念。
2. 明确创意服装设计与历史、现实、文化、宗教、科技之间的关系。
3. 通过对大师服装、传统服装、过时服装以及异国情调服装的研究,创造新面貌的服装。
4. 通过创意服装设计的学习,完善学生的设计能力、动手能力和开发创新能力。

二、学时

教师授课总共176学时,周学时16。包括方案设计48学时、结构工艺制作64学时、化妆32学时、展示32学时,学生自习约200学时。

三、教学计划

第一周:能力培养

第二周:时尚与流行调研

第三周:设计方案最终成果

第四、五周:元素试验与结构设计

第六、七周:工艺制作

第八、九周:整体形象设计(化妆)

第十、十一周:展示设计

作业与时间安排不是一成不变的,根据学生的具体学习情况及程度和前期课程设置适当调配。

四、授课形式

1. 提出问题
2. 讨论解决问题的方法
3. 多媒体课件演示讲课
4. 市场调查
5. 资料收集与整理
6. 试验与实践

五、作业内容与步骤

作业一：设计思维训练

目标：开阔设计思路，提高设计能力。通过游戏、联想、想象、错视、学习大师等空间训练培养学生的创造性思维能力，为第二阶段的设计打好基础。

方法：游戏、讨论、手稿练习、随意画（具体做法在第三章有详述）、多媒体课件讲授。

重点：不一定要刻意地将练习与之后的任务联系起来，应随心所欲地发挥想象力。

要求：（1）设计思维训练、错视空间训练。

正向、反向、对称平衡、非对称平衡、节奏训练各一，并有简要设计说明，手绘或电脑制作均可。

（2）个人所喜欢的大师作品介绍分析。设计师个人介绍、设计风格等，用PowerPoint软件制作，演示说明。

6-5-1 宋丽作品

6-5-2 李谦作品

作业二：流行趋势分析

目标：了解时尚与流行、艺术与创新。

方法：市场调查、资料采集、元素提炼、讨论。

重点：走在时代的前列，建立时尚的设计理念。

要求：包括五个方面：

（1）资料采集与整理；

（2）流行趋势提案主题构思——趋势调查、流行趋势预测；

（3）主题趋势下的色彩设计（图示和文字说明）；

（4）主题趋势下的材料设计（图示和文字说明）；

（5）主题趋势下的配件设计（图示和文字说明）。

流行趋势的分析是广泛的，包括了服装、色彩、环境、形态、观念、形式、结构、工艺、装饰品以及与时尚有关或无关的任何物品。有专门的时尚机构分析和发布流行咨询，可了解每年权威时尚机构的流行发布，从中找寻发现与自己的感觉和风格相吻合的形态、形式、色彩、肌理效果之美，把握时尚的脉搏。以语言和图片组合的形式表现出自己对流行与时尚的理解。

要关注历史、关注时事、关注经济文化、关注艺术、自然、哲学、关注环境保护，找寻有意义的主题构思。依据主题构思收集资料，这时就需考验我们的品位和审美。资料可以来自于实地采风，来自于图书馆、资料室、网络，来自于餐厅、浴室、酒吧或咖啡厅，来自草地、湖边、山上，来自于各个地方。将获得的信息整理归类，从中获取启发灵感的元素。

图6-5-1～图6-5-6是学生的流行趋势报告和资料采集与整理练习。

6-5-3 丁蕾作品

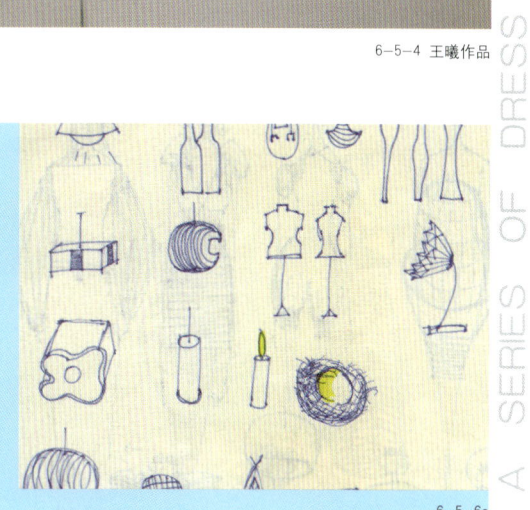

6-5-4 王曦作品

6-5-5 谷淼作品

6-5-6a

6-5-6b

85

作业三：元素提炼与转化

目标：在众多的原始积累中挑选符合主题思想的形式、符号、肌理、色彩等，提取出来并转化为服装语言。

方法：想象、描绘、手工制作。

重点：不要急于下结论，花时间变换多种形式，以求最佳点子。

从收集的资料中提取符合自己风格和既定理念的元素和图形。例如：东方元素、中国元素、埃及元素、印度元素、西方元素、民族元素、古典、现代、未来、田园、科技元素等，大到宇宙太空，小到微生物与细胞都可以作为设计灵感与设计元素。如图6-5-7，从海洋生物形态中提取元素；图6-5-8以人力车篷收折的支架获取元素，这是从形象到另一形象的转化与提取。另一种是将某一概念转化为形象思维，例如图6-5-9"地球污染"这个概念，地球污染——气候变化——地壳干裂——出现空洞，从中选取典型形象"裂纹"、"空洞"这两个元素，并将它转化为服装语言所作的系列设计。图6-5-10是灵感来源于海洋生物的设计，海底世界丰富多彩，各种鱼类造型各异，色彩美丽，此系列的海蜇为灵感来源，是以海蜇透明的躯体、灵活的触须为元素的仿生设计。

6-5-7 陈雯作品　　　　6-5-8 丁蕾作品

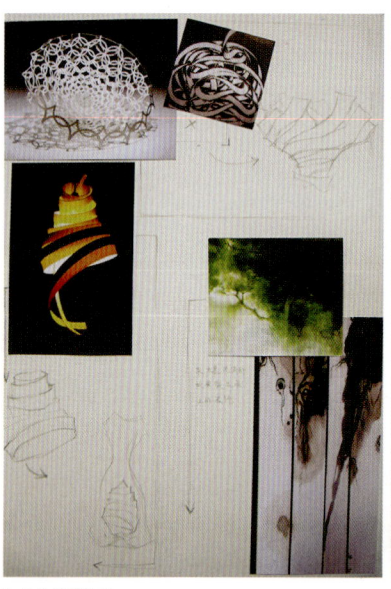

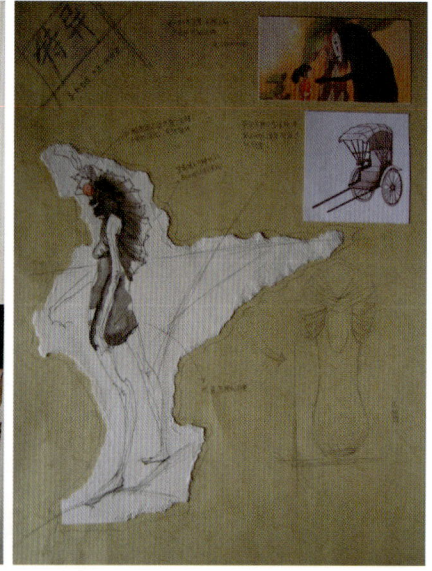

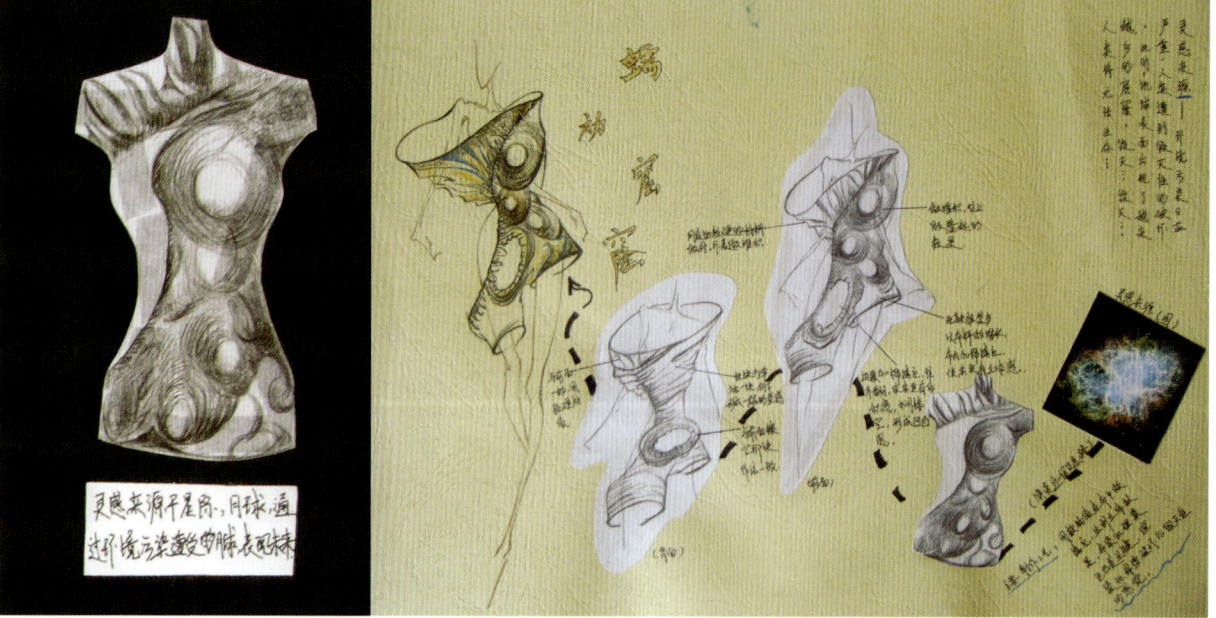

6-5-9a 宋丽作品

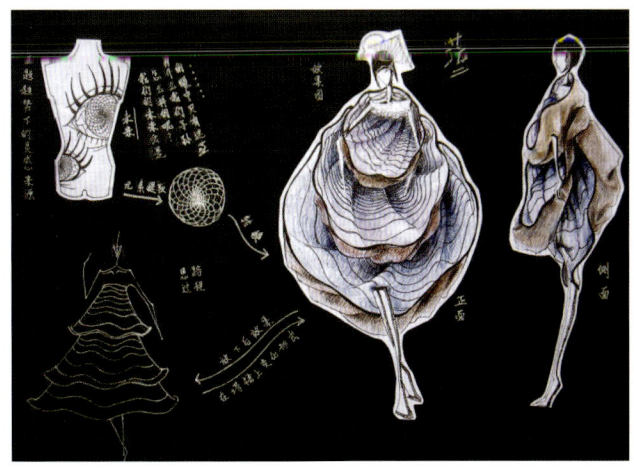

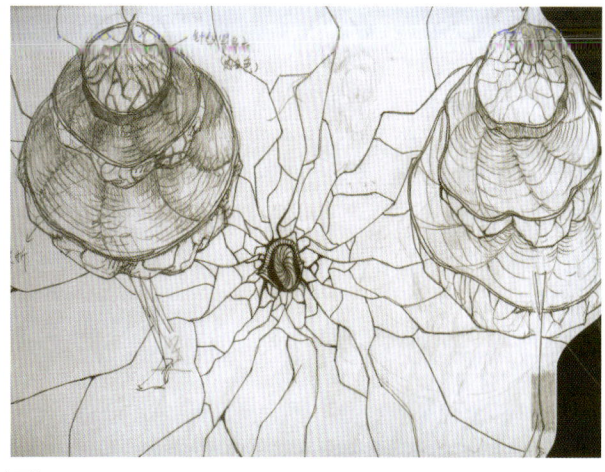

6-5-9b 宋丽作品

6-5-10 滑会洋作品 　　　　　　　　　　　　　　6-5-11 彭奂焕作品

作业四：草图、效果图与款式图

目标：将第一、第二阶段的练习整合，全面考虑设计方向，完成方案设计。

方法：讨论、草图、效果图、设计元素试验、多媒体课件制作。

重点：方案设计主题鲜明、设计过程完整、有创新性。

要求：主题趋势下的创意设计方案，一个系列5套服装。包括着装效果图、结构图、设计说明、工艺说明、面料说明。

随着思绪的流淌，探索各种各样的形式组合的可能性。我们的联想思维此时越丰富越能获得更多的形象资源。不同肌理的组合，某个形式的夸张或者结构解构，也可是色彩畅想……

草图阶段是设计思维的发散阶段，不要过早评估，也不要害怕表现幼稚，很多创新的想法最初看起来往往显得幼稚，把头脑中所有的想法都表现出来，从而可以在丰富的基础资源中筛选，获得理想的设计。老师要有高人一等的眼光，发现原创的苗头并引导学生发展和深入，切忌将创造性的思想闪光扼杀在摇篮里。（图6-5-11～图6-5-14）

效果图与款式图是一个评估阶段，或者叫收敛阶段。要在新鲜的有可能是幼稚荒诞的设想中找到可行性。评估草图应考虑时尚性、创新性、主题性、审美性等方面。从几十甚至几百张草图中，选取满意的设计，用效果图和款式图表现出来。效果图的表现根据设计师的风格而定，可以写实也可以写意，要充分表现服装的艺术感觉、强弱节奏，尽量完整地表达设计师的设计意图和美感。如图6-5-15"茫（我们的地球）"系列款式图清楚表达了服装结构的工艺制作要点和来龙去脉等等，图6-5-16～图6-5-19为设计效果图和款式图。

此方案最后是整体设计。整体设计是指设计主题明确，设计中心突出，在一个设计系列中不要有多个设计中心，避免冲突；细节服从整体，有主有次，层次清晰。无论是突出哪个方面，款型设计、面料选择、色彩搭配以及装饰设计，都要符合拟定的设计理念与时尚的感觉。

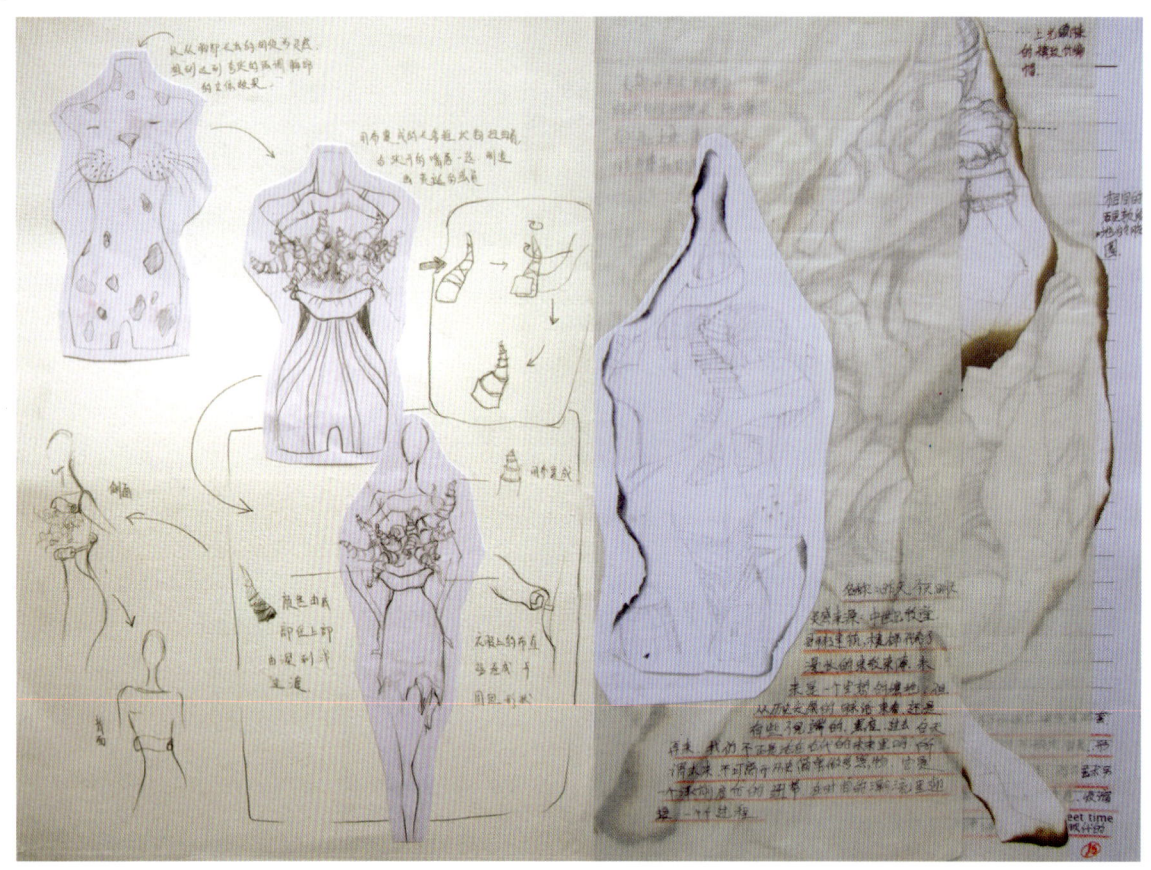

6-5-12 陈雯作品

6-5-13 包海珍作品

6-5-14a 谷淼作品

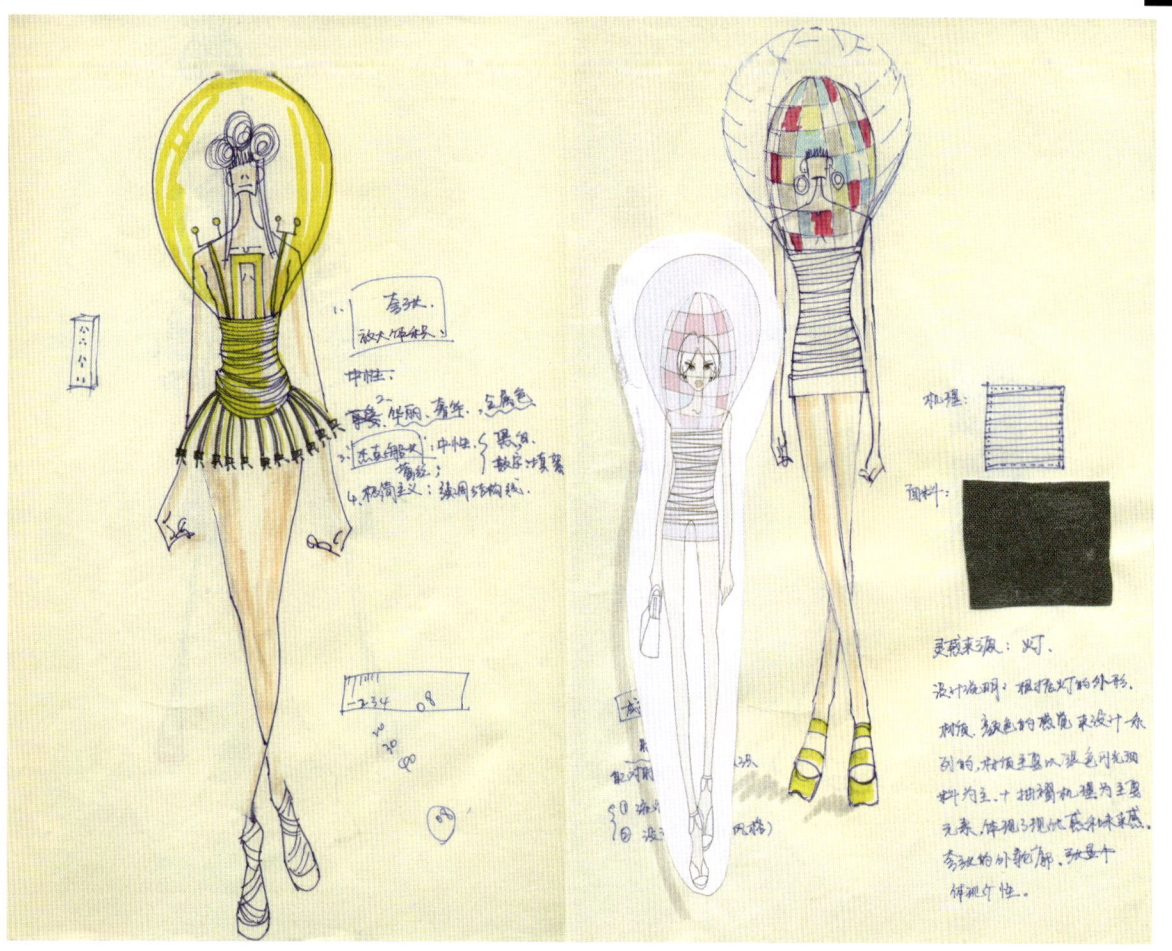

6-5-14b 谷淼作品

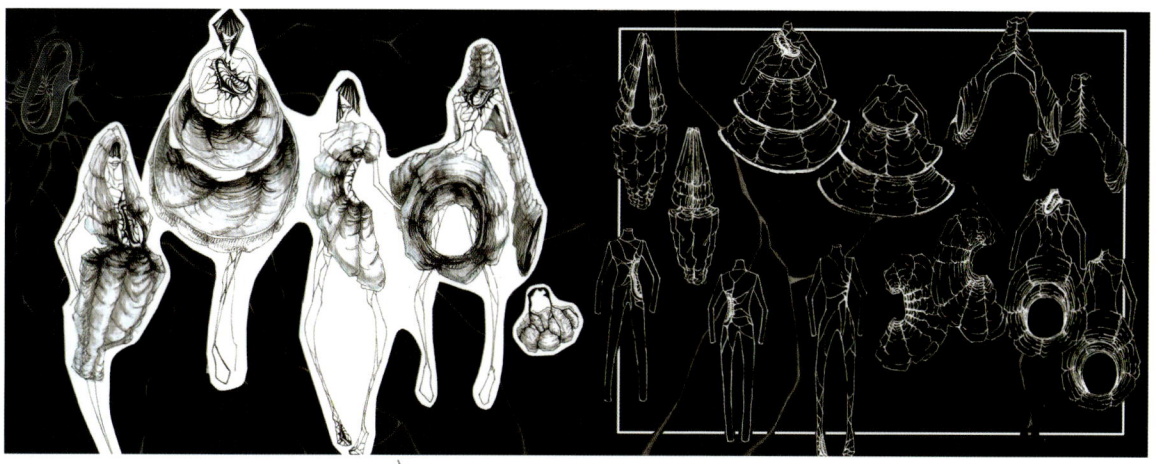

6-5-15a 宋丽作品

89

6-5-16 彭奂奂作品

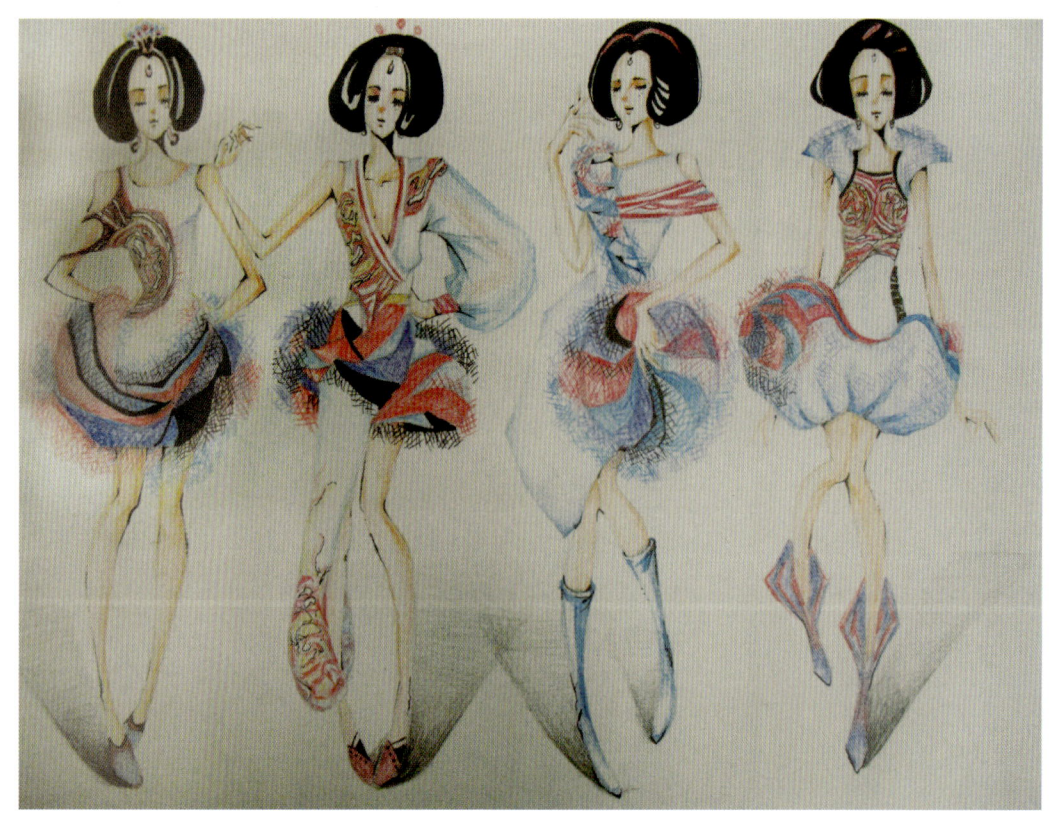

6-5-17 王霞作品

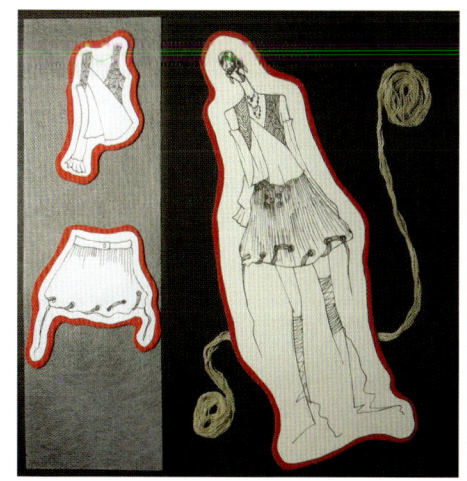

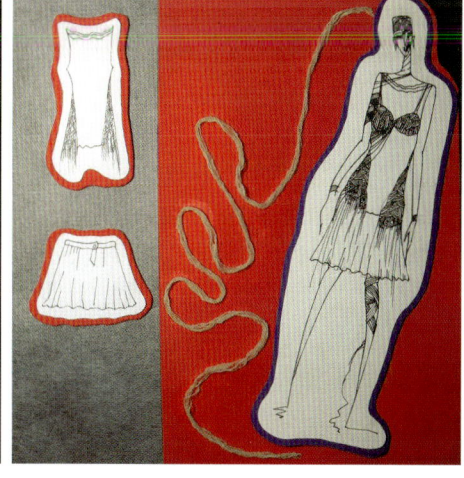

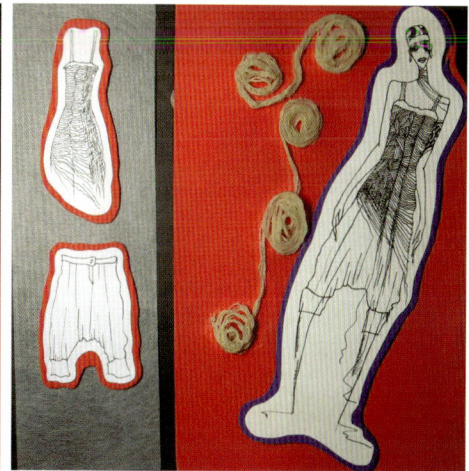

6-5-18 孙智慧作品

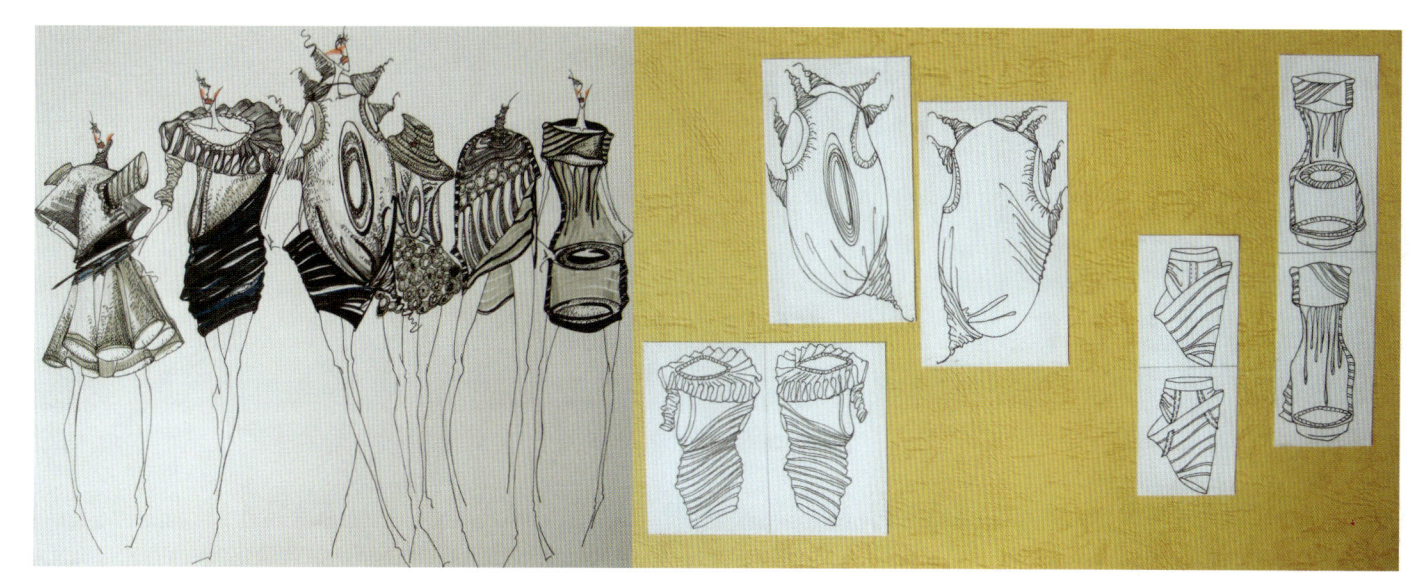

6-5-19 赵芳作品

作业五：结构设计

（1）特殊效果制作试验：在结构实现之前将设计中的特殊效果制作出来，例如影响外形的材料肌理试验与制作等等，某处的抽褶、捆扎效果等等，试验出理想的外观效果。

（2）坯布样衣裁剪与面料裁剪：根据设计效果图，用立体裁剪和平面裁剪相结合的方法，进行坯布裁剪，反复修正后进行面料裁剪。

目标：研究元素呈现的可行性材料与制作。结构设计最大限度地满足设计的需要，完美表达设计的立体外观效果与内在精神。

方法：多种试验、采取平面结构与立体结构相结合的裁剪制作手段。

重点：坯布样衣裁剪与制作留有修改的余地，反复试穿与修改，达到理想效果方能正式裁剪。

作业六：工艺制作

创意服装工艺缝制

目标：完美表达服装的缝制效果、研究特殊工艺制作方法、创新工艺制作方法。

方法：机缝工艺、手工工艺、初缝、精缝。

重点：熟练掌握机器使用方法、缝制精确。

推敲结构表达方法。工艺制作要符合主题意义，研究工艺制作手段和结构塑造，表达完美的设计效果，需要进行多种实验过程。如图6-5-20a，设计重点是推敲材料的立体造型效果和工艺手段，运用了局部填充、刺绣和抽褶等工艺手法营造出丰富的立体效果。图6-5-20b运用抽褶、折纸拼贴排列，产生别样的面料效果。图6-5-21，胸部抽褶，细节部分制作灵感来源于显微镜下的细胞肌理。设计元素的制作方法要经过多种实验过程，才能得到最理想的结果。

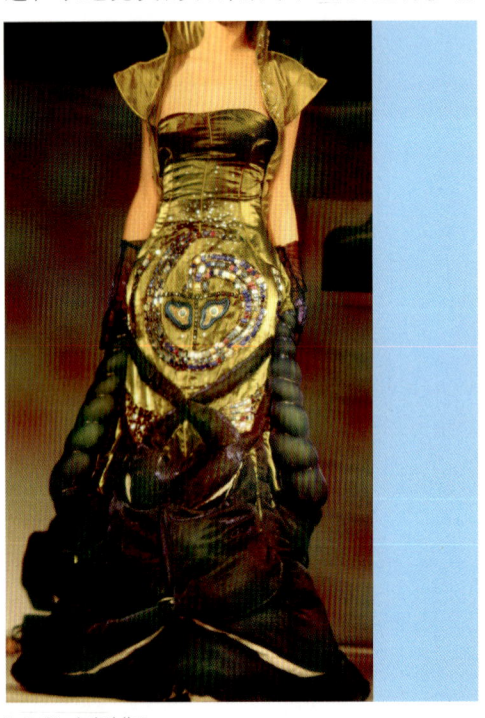

6-5-20a 包海珍作品

6-5-20b 马睿作品

6-5-21 彭奂焕作品

作业七：整体形象设计

目标：服装、化妆、发型的整体设计。

方法：化妆和发型技巧练习。

重点：化妆和发型的风格与服装一致，提升服装的美感，使其更加完整。

作业：

（1）基础化妆——包括日妆、晚妆

（2）模特化妆——结合服装风格的化妆与发型

（3）创意设计整体造型

化妆、发型、服装三位一体，包括结合服装造型的化妆发型设计。化妆发型设计既要有它的独特性又要与服装的风格一致，起到提升服装主题和完整性的作用，而不能喧宾夺主。从图6-5-22～图6-5-26中可以看出，无论是发型、妆容的风格和色彩，以及模特气质都与服装的风格相吻合。

6-5-22

6-5-23

6-5-24

6-5-25 陈雨作品

6-5-26

作业八：展示设计

目标：以主题的名义，将服装展示出来。

作业：

（1）静态展示设计

（2）动态展示设计

现在的展示设计不再仅仅是展示简单的服装结构和款型，而是注重产品和概念。通过一个故事、一个场景、一种情节，让模特儿去演绎产品的概念，服装就有了故事内涵，有了情景的取材。一个鲜活的故事、一个艺术空间，让品牌理念、经营理念、空间布局、产品设计更加丰满完整。如图6-5-27～图6-5-30中，王美枝的针织服装展示的是温暖场景；彭梦霜"麦田的守望"是一派秋收的喜悦；张淼的"纸鹤"知性且充满幻想；卢映洁的展示以声、光和耀眼的色彩解释"波普"这一主题。

6-5-27 王美枝作品

6-5-28 彭梦霜作品

6-5-29 张淼作品

6-5-30a 卢映洁作品

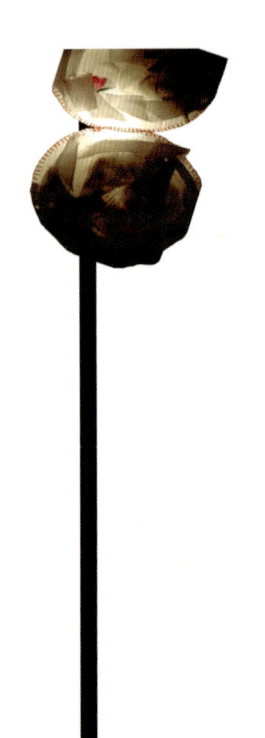

6-5-30b 卢映洁作品

94

六、两例作业分析

认真对待学习过程中的各个环节,学习的过程是由一个个细微的环节串联而成的,不重视过程的指导和监督,就很难得到完美的结果。有这样一道数学题:90%×90%×90%×90%×90%≈59%,在日常的学习、考试和工作中得到100分似乎很难,90分被认为是不错的成绩了,但一系列的过程以后,结果不是90的叠加而可能是不及格的59分,甚至更差,这个简单的数学等式之外的意义就是——执行过程不能打折。

学生在作业进行中会出现一些问题,例如:一是不注重过程,一步到位直达目的。某一课题布置以后,将脑海里出现的某一款式画出来了事;二是不善于将片段的点状的想法整体归纳与提炼,考虑问题会片面,往往没有清晰的思路过程和中心思想。当问到为什么这样做的时候,回答是"不知道,只是觉得好看",而这种表现出来的所谓好看只是似曾相识。好看固然重要,但我们也很有必要弄清楚为什么好看,为什么会被人接受或反对。因此,要求学生展现设计思维进行的全过程、想法的来龙去脉、深入程度,以便帮助理清楚概念,表达真正属于自己内心的想法。以下分析两件作业的完成过程(设计者:四川美术学院05级学生邱芳、04级学生郭向宇)。

要求:设计思维训练,打破设计的界限,以反常规的思维,解开束缚我们心智的绳索。引导学生以原创设计为目的,以生活中偶然获得的元素展开联想,进行创意设计。

致力于过程教学,监督完善每一过程,多角度、新角度考虑问题。

方法:

1. 以文字获取灵感的练习

第一步:

用"随意词""随意句子"的方法(在第三章讲了获得偶然句子的方法)获得偶然的词和偶然句子。通过想象力将这些词或句子转化为形象。图6-6-1~图6-6-3是偶然获得的句子转化的图形。由于句子的获得跳出了以往习惯的思维,头脑中会出现一些新的形象,要勇敢地将所有想法表现出来,此时不需要过多考虑合理性,更不要被以往的框架套住手脚。

以下是偶然组合的例子:

(1)第一个偶然句是"光亮的金刚芭比投射出绝望的身体轮廓"。由这个偶然组合的句子想到的有关联的词:金刚芭比、饱满的、厚嘴唇、膨胀、挫败、提升、硬轮廓、身体曲线、金色、粉嫩、力量、忧郁……将第一感觉用图形表现出来,此时甚至可以不考虑服装的问题。(图6-6-1)

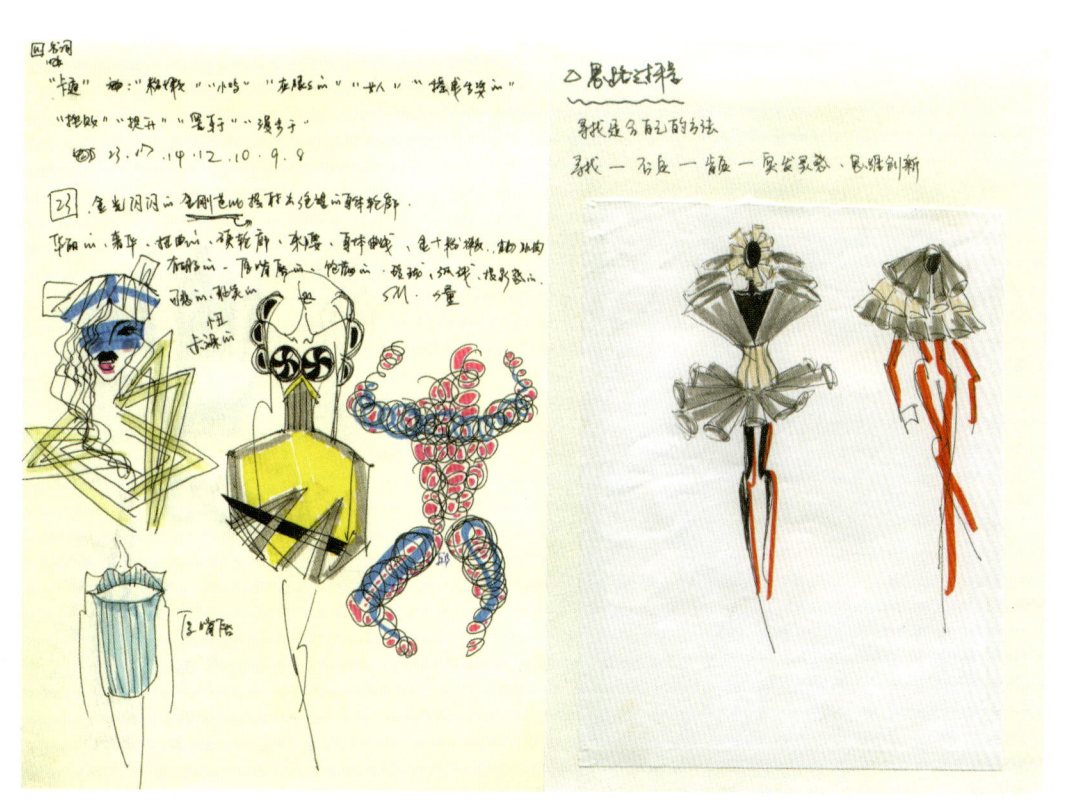

6-6-1

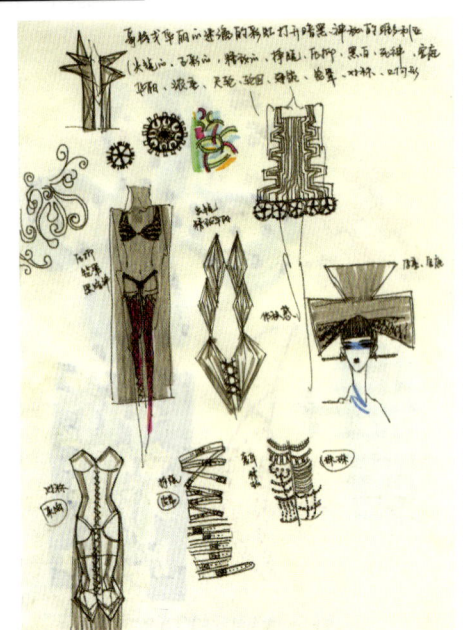

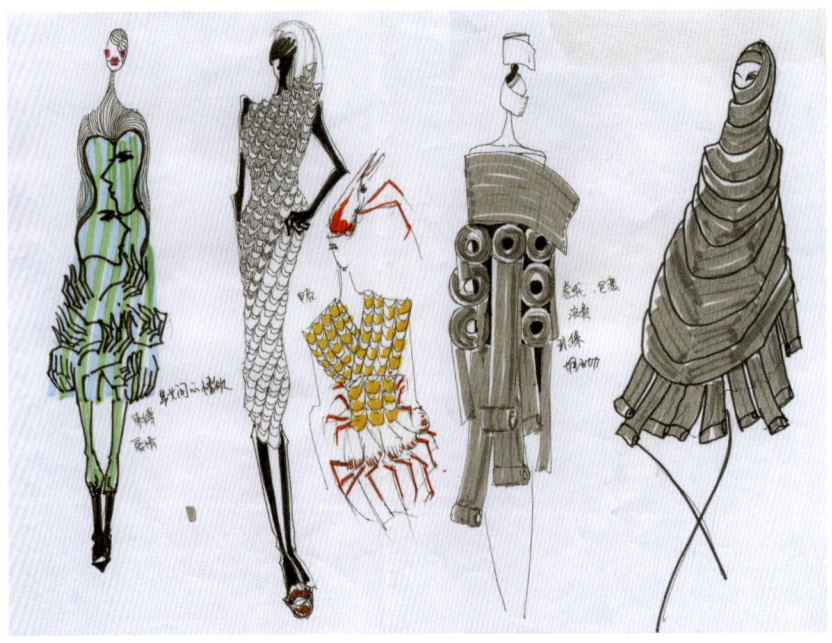

6—6—2

（2）第二个偶然句是"哥特式华丽的彩虹门打开迷离的维多利亚港湾"，与这个偶然组合的句子有关联的词：哥特式、尖锐的、华丽、轮回、齿轮、精致的、对称、几何形、黑暗、神秘、笼罩、五彩的、流动、宫廷……将第一感觉用图形表现出来。从图形看出来还是想一步到位，急于表现服装的形象。（图6—6—2）

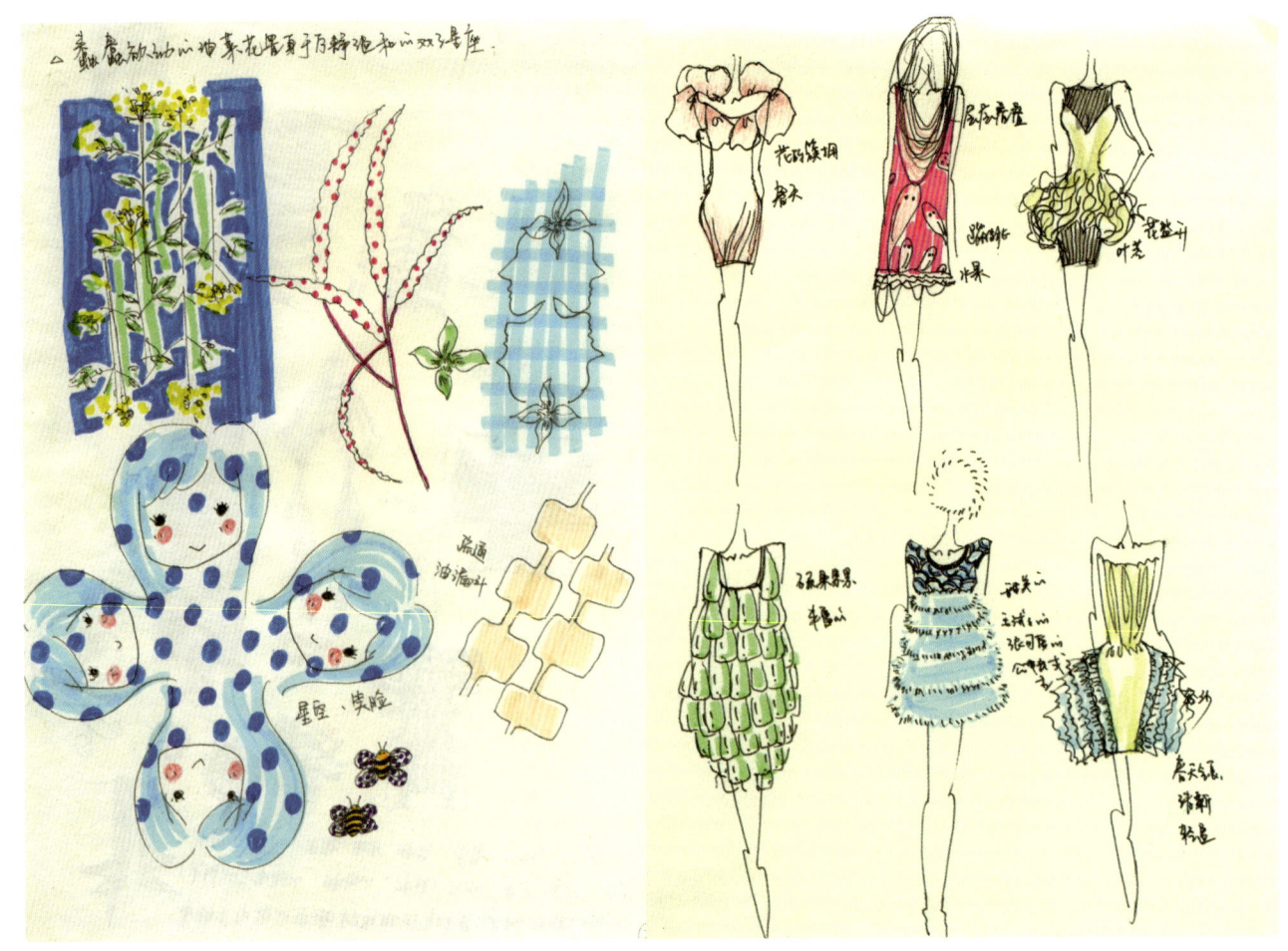

6—6—3a

（3）第三个偶然句是"蠢蠢欲动的油菜花置身于安静温和的双子星座"，与这句话有关联的词：热带、好吃的、热闹集市、泥土气息、甜滋滋、粉嫩、硕果累累、花盛开、蹦蹦跳跳的水果、怒放、植物的生长、种子、生机勃勃……将第一感觉用图形表现出来。（图6-6-3）

第二步：

提炼元素。可以在上面的练习中寻找元素，如果还没有出现很好的点子，可以继续以上的练习，素材越多越有机会出现好的"主意"。然后，在众多的想法中提炼设计元素，如图6-6-4中"膨胀的种子"，这是在一大堆"种子"中筛选出来的最饱满，最漂亮的一枚"种子"。元素的基数越大，越有可能选到最优良的"种子"。

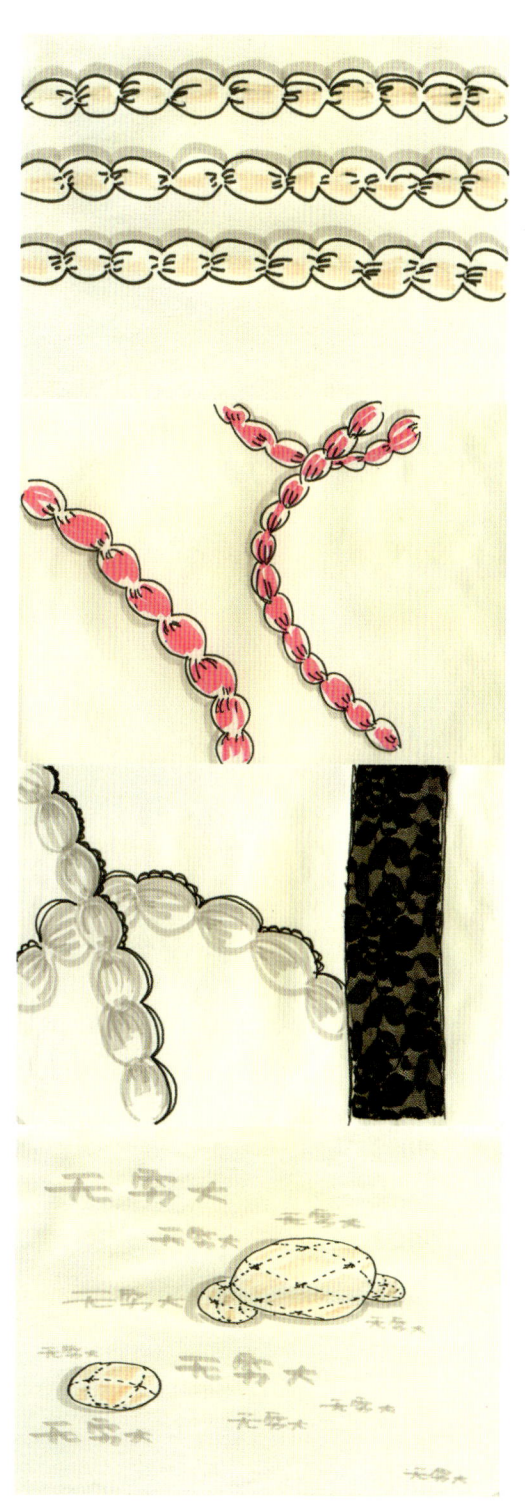

6-6-3b

6-6-3c

6-6-4

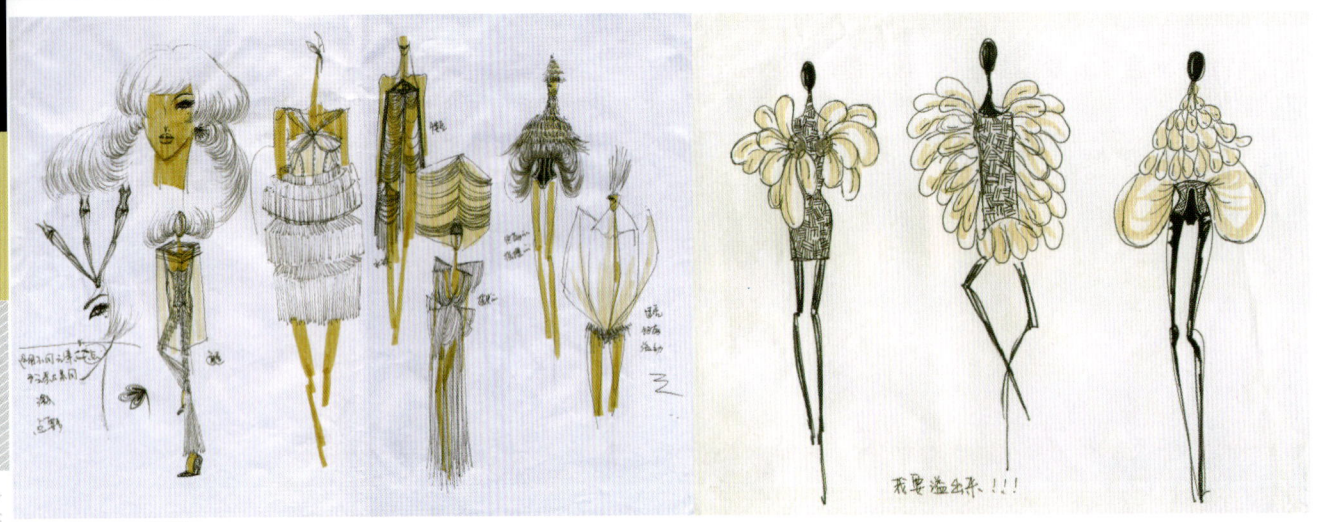

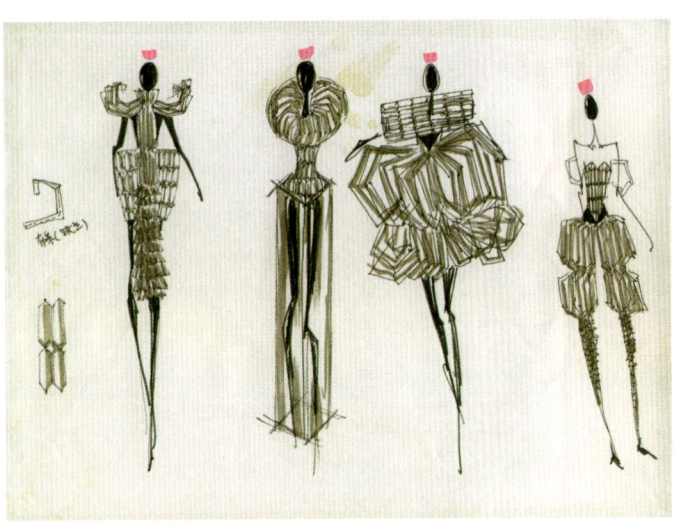

第三步：以"膨胀的种子"为主题做草图。综合我们平时积累的专业基础知识，同样将所有的想法都表现出来。（图6-6-5）

第四步：设计效果图。在一大堆草图中提炼与概括，同时考虑材料，结构与工艺的可能性。（图6-6-6）

第五步：成品服装。除了结构与工艺以外，需要进行长时间的元素制作实验，用何种材料，何种手法做出既符合主题，又有新意，还要有时尚特征的细节与服装整体形象。（图6-6-7）

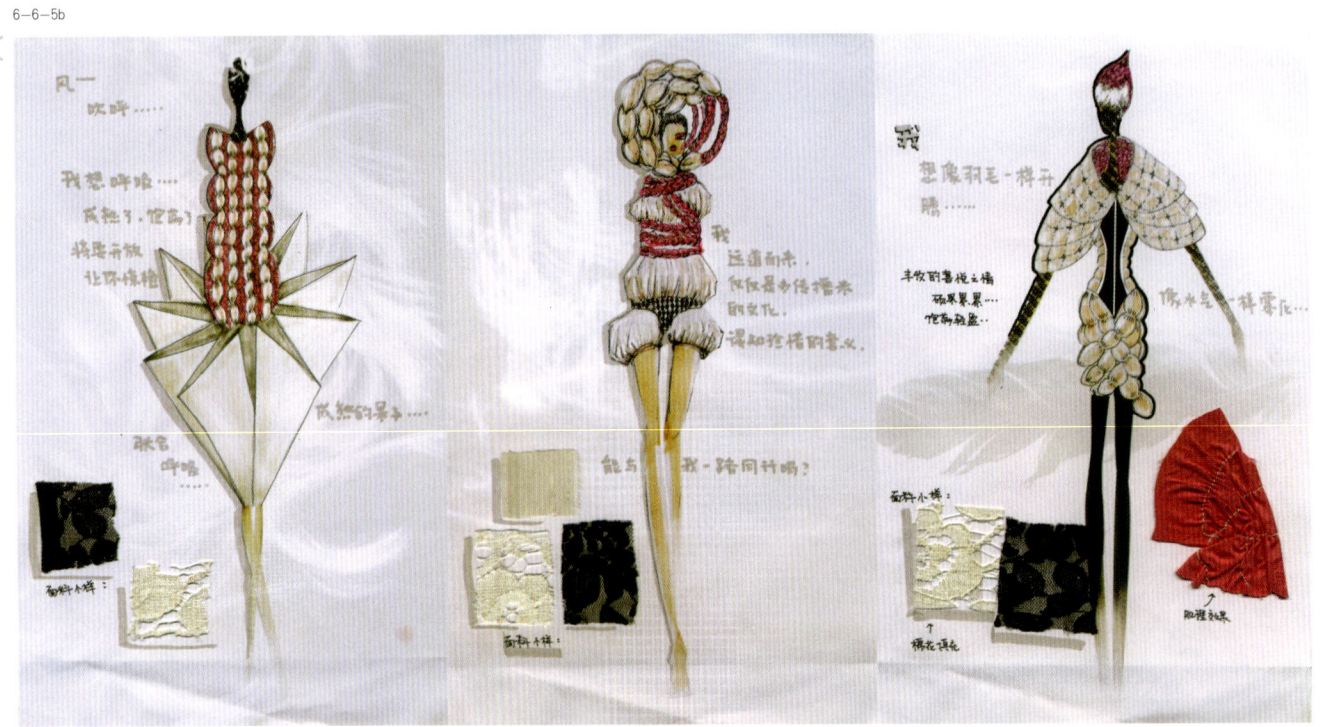

6-6-6b

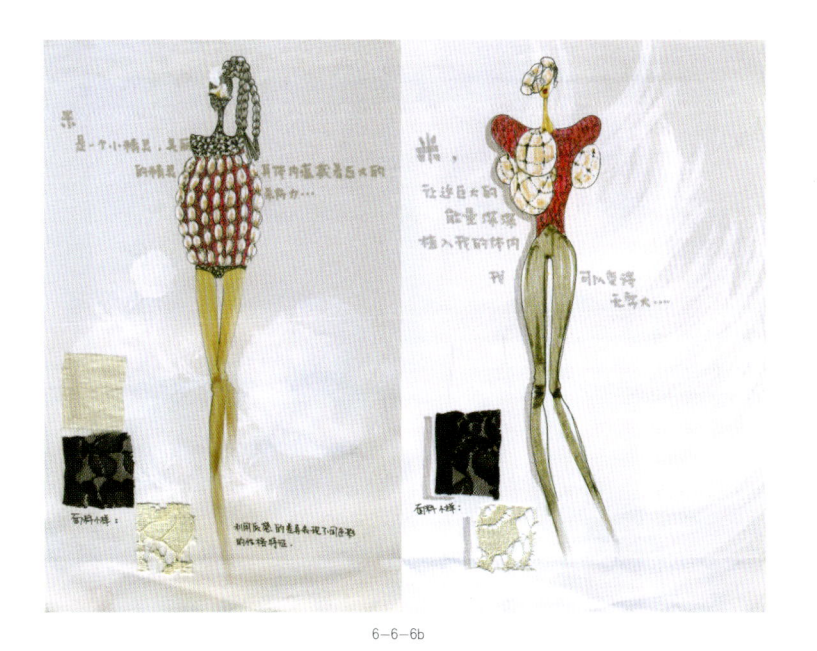

6-6-7

(图6-6-1～图6-6-7均为邱芳作品)

2. 从图形中获取灵感的练习

主题优先，首先确立主题思想。

主题：小小蝉的小小梦想。

图片碎片：欧洲建筑局部图形、蝉、希腊胜利女神、希腊潘那辛纳科竞技场。

通过组合偶然获得的图形资料和信息，特别是与现成的服装形象相去甚远的图形元素整合利用以得到原创的设计灵感。

（1）将在图书馆获得的建筑图形、野外草地获得的昆虫图形、网络等处收集的图形素材，结合科技与未来主题，借用错视空间练习的方法（错视空间练习在第三章有具体介绍）进行组合所做的练习。(图6-6-8a)

（2）图6-6-8b流行趋势预测报告。

（3）尝试了多种组合方式与元素提炼的草图。(图6-6-9)

（4）薄草图与效果图。(图6-6-10)

（5）最终选取理想的方案定稿、制作、展示。(图6-6-11)

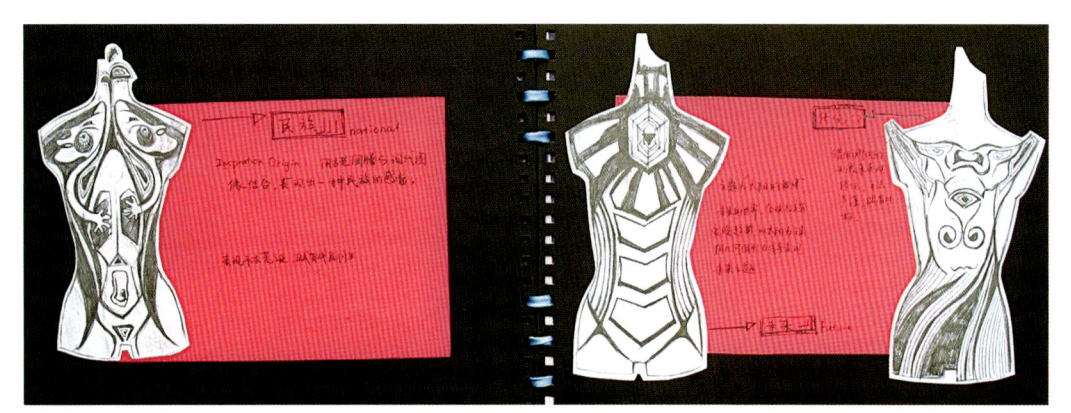

所谓方法与步骤都没有固定的模式，要想获得好主意的最佳方法就是你拥有无数的方法。这里所介绍的方法有些是作者在教学实践过程中总结出来的经验，有些是改良了前人的经验。在实际教学过程中往往是打破陈规创造新的方法，就像穿衣一样，适合自己的就是最好的，而在这个课程的教学中适合学生的就是最好的。所以了解自己的知识结构，了解我们真诚的教学之心，了解自己的学生，仔细测量好他们的"体形和脚码"，给他们订制一双合适的"鞋"，使他们在未来的设计道路上一路走好是我们做教师的职责。

6-6-8a

6—6—8b

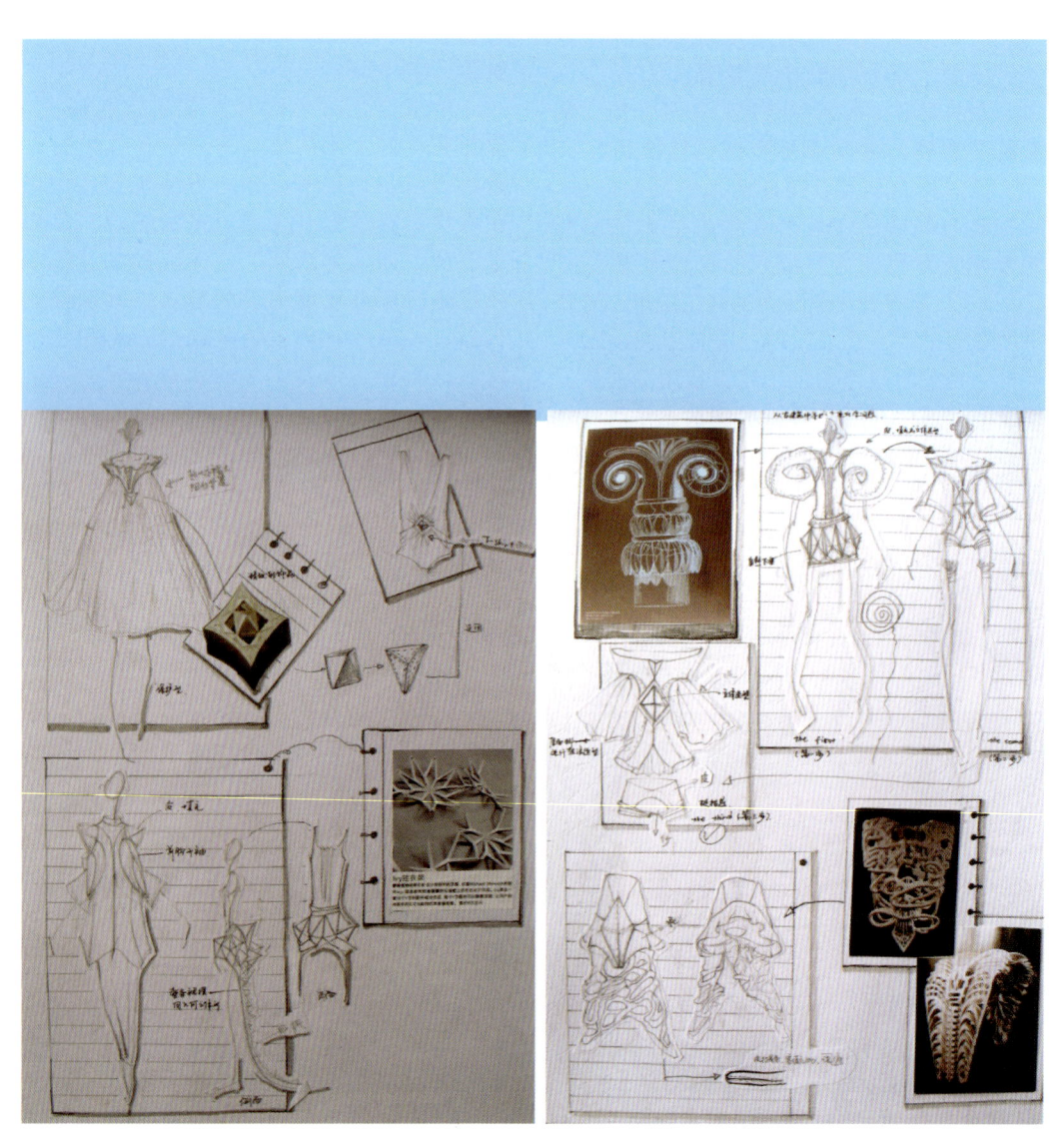

6—6—9a

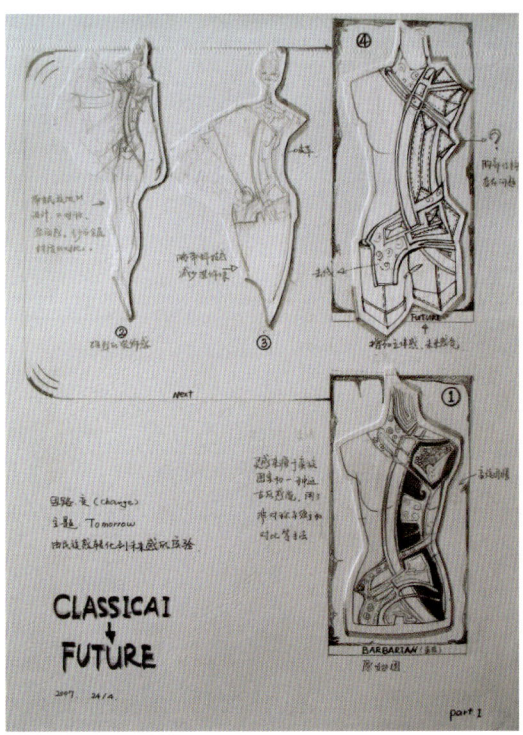

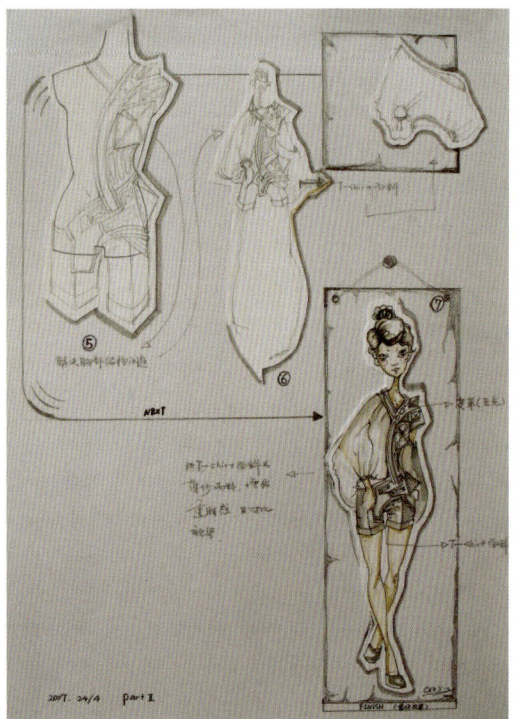

6—6—9b

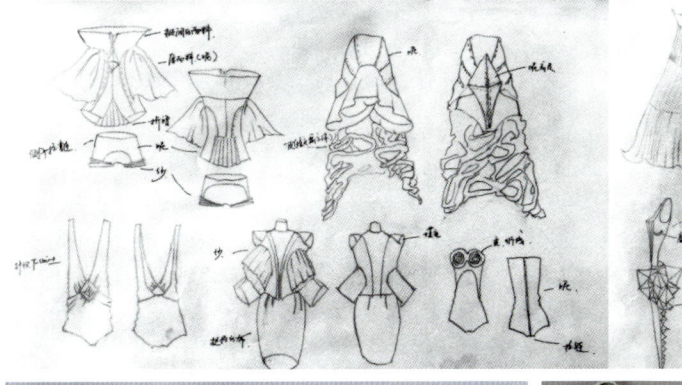

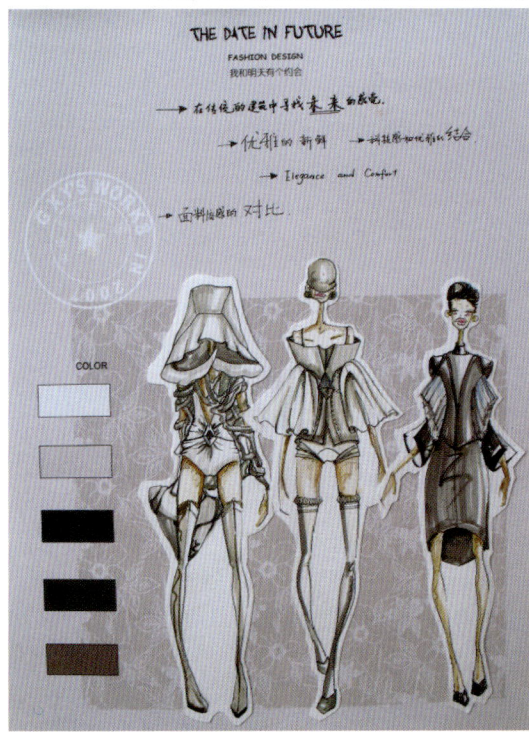

6—6—10a

6—6—10b

6—6—11a

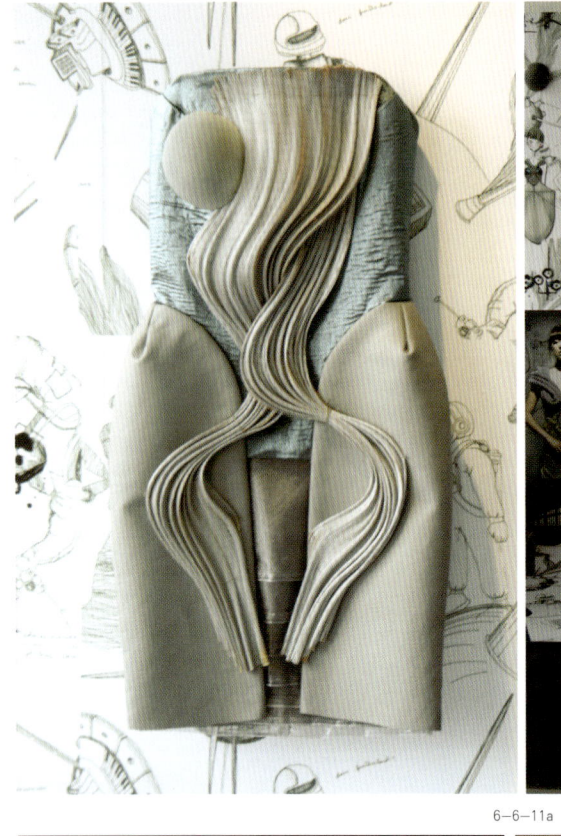

6—6—11b

(图6—6—8～图6—6—11 均为郭向宇作品)

第七章

服装设计大师与作品

一、Hussein Chalayan

Hussein Chalayan（候赛因·卡拉阳），具有土耳其塞浦路斯血统，在他很小的时候就离开家乡到英国生活。1993年毕业于享誉盛名的英国圣马丁艺术学院，在学校读书的时候，就以探索创意性、概念性、实验性服装设计而闻名。

他始终坚持着自己一贯的设计风格，一如既往地做着自己的实验，作了一系列以哲学、宗教、神话为灵感的设计，将设计理念推到雕塑、家具、建筑或科技的高度。他进行过许多创造性试验，比如把衣服和着金属埋葬在花园里，看看他们与泥土结合、变化、腐烂后的样子；他把吸铁石缝在衣服上，并在T台上洒满铁屑，看模特儿走过T台，铁屑被吸引到衣服上的过程；还有名为"航空邮件"的红蓝镶边白外套，短裙折叠后确实能够装进信封里；以及他的实验性作品：房间里的椅子被折叠起来放在衣箱里，椅子套以及一圈一圈的木头制成的咖啡桌被制成了裙子穿在模特儿身上；还有那些穿在模特身上却被气球吊起来的成衣，安装有自动控制装置的衣服。他简洁的直线条设计风格，将方型、三角形、圆形、气泡、光亮材质、永动机械、能量转换、视听世界、解构与组合等抽象形式和元素以严谨的服装形式展现出来。在Hussein Chalayan的设计中，总能看到他非凡的创意，理性的思索，以及严谨的艺术。他为我们营造了一个新奇的、令人震惊的、充满幻想的未来世界，让人难以忘怀。

7-1-1   7-1-2

二、Karl Lagerfeld

Karl Lagerfeld（卡尔·拉格菲尔德）1938年出生于德国汉堡一富商家庭，14岁时全家移居巴黎，16岁初出茅庐便获得国际羊毛局设计竞赛外衣组冠军，并由此跨入时装艺术生涯。

最早在FENDI旗下做设计师，在那里展露出天才设计师的头角。1983年受邀担任巴黎著名的CHANEL公司首席设计师，完美地给这个传统经典品牌注入了时代气息。1984年他又建立了自己的品牌Karl Lagerfeld，在自己的品牌中设计个性得以淋漓尽致地体现：合身、窄肩窄袖，顺裁的线条，使穿着者显得修长有形。Karl Lagerfeld品牌裁制精良，既

优雅又别致，他把古典风范与街头情趣结合起来，形成了诸多创新。他曾同时为三个品牌做设计，这在时尚界绝无仅有。

　　Lagerfeld 曾被认为"有着钢铁般的意志，又有着丝绒般的技巧"，他醉心于时装、装潢、哲学等各个领域，或许正是这种多元的知识结构的组合，才使他的时装设计具有深层次的内涵，并总能走在时代的前面，具有源源不断的新创意，在每一季都能推出精彩绝伦的新作。他的克洛耶女装抒情浪漫，洋溢着南欧地中海希腊风情，紧贴着肌肤的裁剪，模特儿的弯曲发型复古加漂染，被观察家誉为90年代成熟女性的着装典范，暴露的透明紧身衣、胸罩、腹带、下摆剪口的鲜明上装，加上模特的塔形假发，厚底面包鞋，风格大胆硬朗……他既有德国人的严谨，又有法国人的浪漫，很难将他的设计归于哪种风格，他的作品极具个性，并始终凌驾于时尚之上。

三、Christian Lacroix

　　Christian Lacroix（克利斯汀·拉克鲁瓦）1951年出生于法国南部边城。1972年，21岁的他到巴黎一边学艺术史，一边学服装画。毕业后进入博物馆工作，偶然经朋友介绍，进入名牌Hermes从事饰品设计，从此走上设计师道路。

　　欣赏克利斯汀·拉夸的作品如同欣赏一场假面舞会。他的作品华贵典雅、千娇百媚，既有东方女性的神秘莫测，又有伦敦女性的古板怪异，还有法国女性的浪漫随和。他生活在现实和幻想之间，却又无时不在试图以时装的方式描绘心灵深处的梦境。他的设计风格华丽且浪漫，喜欢采用名贵的缎子、雪纺、轻纱，裁剪与工艺极其讲究，绝不怕耗时、费力，充满了法国古典宫廷艺术的精神。他能随心所欲地控制色彩，很少有人能像他那样大胆地采用耀眼的颜色，五颜六色在他的调配下呈现诱人的魅力，堪称"色彩的魔术师"。

Christian Lacroix 将时装与艺术画上等号，并恰当地描述了时装与成衣的区别。他曾说："时装是一种艺术，而成衣才是一种产业；时装是一种文化概念，而成衣是一种商业范畴；时装的意义在于刻画观念和意境，成衣则着重销售利润。然而，时装设计的最高境界在于如何使艺术实用化，使概念具体化。"他还说："人人都会用珍珠、貂皮点缀衣裙，但设计一件外表朴素自然合身又不影响行动的连衣裙却是考验大师的难题。因为既要让公众接受，又要体现鲜明的个性，还要融合科学原理，再加上设计师的构思，展示才能和绝技的细节，谁能把这一切以最简单的形式完成，谁才是真正的天才。"

四、Jean Paul Gaultier

Jean Paul Gaultier（让·保罗·戈尔捷）1952年出生于法国，由于祖母是一个定制服装设计师，也喜欢给人算命玩催眠术，着装充满魔力，家里也总有一些衣着奇异的朋友出入，这些都影响着年幼的Gaultier，以至于他从小便与服装结缘，14岁就开始尝试服装设计。

他的设计题材广泛：水兵条纹、异域情调、内衣外穿，他既强调女性服装的性别特征，又模糊男女性别的界限，在两者之间寻求平衡。在材料运用上也充满创意，以钟乳石装饰牛仔裤，将金属与针织缝合在一起，回收空罐变成手环，缎面马甲配上塑料材质的裤子……他重新审视生活周围一切物品的定义，创造性地将他们用于自己的设计。除了他自己的高级定制、高级成衣和二线品牌以外，他在很多影片中担任服装设计，如：《爱欲情狂》、《碧海蓝天》、《终极追杀令》以及著名的超时空科幻片《第五元素》等。

他的设计风格不拘一格，夸张、诙谐、顽皮、前卫，熟练运用混搭手法，古典和奇风异俗混合，对立和拆解再重新构筑，并在其中加上自己独特的幽默感，充满创意。

他说过："时装就像房子，需要翻新。"在他的世界里，没有什么应该做，什么不应该做。他试过分解、再造、配搭、混合等多种创作途径。不过，用什么途径均不重要，重要的是如何创新，以达到更新的境界是他的设计宗旨。

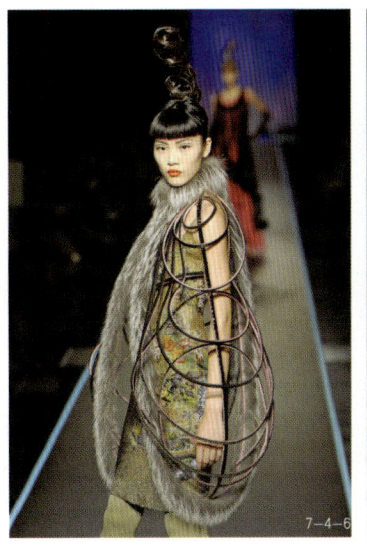

五、John Galliano

John Galliano（约翰·加利亚诺）1960年出生于西班牙阿里坎特，父亲是英国和意大利的后裔，母亲为西班牙人。约翰6岁时举家迁居伦敦。1984年6月他毕业于著名的圣马丁艺术学院，在这个培养艺术家的摇篮里，约翰学过绘画和建筑，而最终遵从内心的意愿选择了时装设计。一出校门，他的首批"灵感源自法国大革命"的作品便在布朗时装店的橱窗内展出。1985年，John Galliano打出自己的牌子，1988年被评选为年度最佳设计师，此后获得多次大奖。1996年加盟迪奥，如今经营John Galliano品牌和担当迪奥首席设计师，游刃于两个定位迥异的品牌，在每季度的时装展示会上，都有惊人新作问世，令人不得不佩服。

John Galliano总是和"奇才"、"怪才"、"鬼才"、"震撼"、"颠覆"、"变幻莫测"、"美妙绝伦"这些字眼纠缠在一起，他给人的感觉是凌驾于时装之上游戏调侃、陶醉并置身其中。他将古典时尚的精华，戏剧化地融入现代元素，别有一番风情。在他的时装设计中，人们看到了伊丽莎白时代的高贵质感、西部牛仔的狂放情结、拳坛高手的硬汉形象以及摇滚歌手和皮条客身上的痞子精神，同时还有那么一股浓郁的拉丁风味。有人对他的时装、他的表演如醉如痴，有人则破口大骂他为"糊弄时尚的怪才"。

总之这个爱标新立异，或者说哗众取宠的怪才自有一番吸引人的惊人魔力。他的标新立异不仅体现在作品的不规则、多元素、极度视觉化等非主流特色上，更是独立于商业利益驱动的时装界外的一种艺术的回归，是少数几个首先将时装看作艺术，其次才是商业的设计师之一。

六、Alexander McQueen

Alexander McQueen（亚历山大·麦克奎恩）出生于伦敦东区一个出租汽车司机之家。在圣马丁艺术学院学习之前，到以度身订造的手工闻名于世的伦敦Savile Row接受正统的裁剪训练，并跟随日籍设计师Koji Tatsuno及意大利名设计师Romeo Gigli学习。从圣马丁艺术学院毕业时，他推出了自己的首个独立的服装发布会，那次的毕业作品除了为他赢取了硕士学位外，也在公众面前展示了他日后将成为优秀设计师的才华。

他懂得从过去吸取灵感，然后大胆地加以"破坏"和"否定"，从而创造出一个具有时代气息的全新意念。他的服装设计通常充满了戏剧性，并始终坚持自己的叛逆性、创新性，以及天马行空的想象力，令时尚界无法忽视他的存在。

在配饰方面，Alexander McQueen擅长配合设计一些非常独特的头饰，如动物的头角、动物的面具、鸟窝等；在服装表演的舞台设计方面，Alexander McQueen更是别出心裁，把表演场地选在喷水池中，抑或是将舞台设计成下着鹅毛大雪的雪地等等，这些都是他的独创。

7-6-1 7-6-2 7-6-3

7-6-4 7-6-5 7-6-6

7-7-1　　　　　　　　　7-7-2　　　　　　　　　7-7-3

七、Viktor & Rolf

新锐设计师Vikior Horsting（维克多）及Rolf Snoeren（奥而夫），同是荷兰人，同是于1969年出生，同就读Arnhem Academy of Art时装设计系，设计风格均自由大胆，有这么多的相同之处造就了他们在一起合作的缘分。1992年毕业时两人便组成名为Viktor & Rolf的品牌，主力推出Haute Couture 系列。1999年的处女秀一鸣惊人。

自推出第一个Ready-to-wear 系列，Viktor & Rolf便正式踏上时装舞台，其带点玩味的设计及独特的时装美学概念，一直是时装传媒的焦点，时尚界每年都期待着他们令人耳目一新的作品，他们也从未让人们失望过，无论是过于前卫和荒诞，还是放慢脚步追求传统，都总是透着无限的创意和唯美的气质使人惊奇并赢得关注。

Viktor & Rolf 二人在服装设计以外，开始扩展其他设计路线，相继推出皮鞋及项链饰物。除此之外，Viktor & Rolf与L'Oreal签订合约，于2005年推出香水系列及美容产品，他们雄心勃勃，不断地扩大事业版图。

7-7-4　　　　　　　　　7-7-5　　　　　　　　　7-7-6

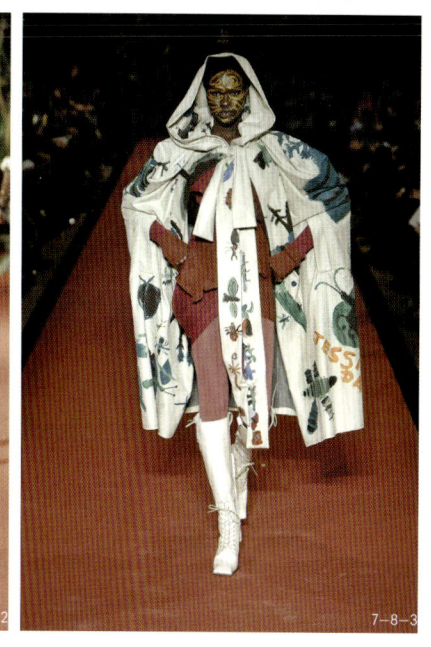

八、Vivienne Westwood

Vivienne Westwood（薇薇安·韦斯特伍德）1941年出生于英国。她的母亲是当地棉纱厂的织布工，父亲来自一个鞋匠家庭，虽然并不富有，却有一个快乐的童年。她曾经做过教师，由于从小就对改变自己的衣装感兴趣，最终走上了服装设计师的道路。她拥有自己的服装品牌，同时还担任柏林艺术学院客座教授的职位。

Vivienne Westwood虽然已经60多岁，但其理念始终走在时代的前沿，其设计保持着永不衰竭的新面貌。她的设计风格是传统的，但却丝毫不受传统的规范，无所畏惧地以自己的方式颠覆经典传统。她将朋克、摇滚以及波普元素与苏格兰格子布和小马甲蓬蓬裙以薇薇维斯特伍德的方式组合，长短不一，稀奇古怪，并使摇滚具有典型的外表，被誉为"时装界的朋克之母"。她的设计视野遍及街头涂鸦、美国印第安人的图案风格、海盗形象、女性内衣外穿以及折中主义的混搭。人们可以不恭维她的杰作，但不能不被她的独特的设计思想而震慑。不管时尚界对韦斯特伍德的设计或褒或贬，但人们不得不承认她那罕见的、乖僻古怪的设计思想对当今服装界的贡献。

7-9-1　　　　　7-9-2　　　　　7-9-3　　　　　7-9-4

九、Yohji Yamamoto

1943年出生于横滨的山本耀司（Yohji Yamamoto），母亲是东京城的裁缝。自二十世纪六十年代末，年轻的山本耀司就开始帮母亲打理裁缝事务。但他却不甘于如此。他从法学院毕业后便去了欧洲，并在巴黎停留了一段日子。回到日本后，决心不再仅仅做一个裁缝让别人将自己视为下等人，因为他已经认识到，服装设计可以和绘画一样成为一门具有创造性的艺术。他在服装界中素有"艺术家"美称，和Issey Miyake（三宅一生）、Comme des Garcons（川久保玲）并列为日本三大设计师。他以独特的"哲学思考"设计服装，在时装界备受推崇，被同行称之为"真正的艺术家"。

山本耀司一向坚持自己的美学理念。从传统日本服饰中吸取灵感，并常常通过一些旧相片、旧时代的穿着来启发新的创作灵感。色彩以黑色、蓝色居多，偶尔配以鲜亮的橘色、绿色、杏红色等，通过色彩与材质的丰富组合来传达时尚理念。山本耀司服装设计中的另一个特点是"女性主义"。

自幼失去父亲的他是由母亲一手带大的，以裁缝维生的母亲让山本耀司体会了女性独有的坚毅魅力，也是母亲的职业开启了他对服装设计的兴趣，因此，他总是以女性的角度来看待服装，这让他的设计风格充满了女性独立自信的优雅气质。

山本虽然游历了欧洲，深受西方传统服装的感染，但并未一味追随西方时尚潮流，而是大胆发展日本传统服饰文化的精华，形成一种反时尚风格。这种与西方主流背道而驰的新着装理念，不但在时装界站稳了脚跟，还反过来影响了西方的设计师。在裁剪方面，西方设计师更多运用的是从上至下的立体裁剪，而山本耀司则从两维的直线出发，形成一种非对称的外观造型，非对称的衣领以及下摆，表现得自然流畅，完美地体现了日本传统服饰文化中的精髓并不断融合与创新，使他始终居于伟大设计师的行列，深受瞩目。他每年推出的新品总有含蓄而新鲜的细节让人惊喜，令人期待。

7-9-5　　　　　7-9-6　　　　　7-9-7　　　　　7-9-8

十、Comme des Garcon

Comme des Garcon（川久保玲）1942年出生于东京。大学是在东京享有盛名的庆应义塾大学，攻读艺术与文学专业。毕业后，川久保玲即在一家纺织品公司工作。日本的知名服装设计师当中，川久保玲是少数几个未曾到国外留学，而且未曾主修过服装设计的特殊设计师。

1975年川久保玲在巴黎举办个人时装发布会，同年在东京建立了她的第一家精品时装店。1982年她在巴黎开设"Comme des Garcons"精品时装店。

她始终坚持着自己特立独行的创作理念，也许是她没有受过严格规范的专业训练，她始终有一种大无畏的创新精神，她向世界展示了一种具有革命性的穿衣方式，并且坚持创造比时尚更加超前的原型和概念服装。她独创一格的前卫形象，融合着东西方的思想和概念，将日本沉静典雅的传统黑色元素与立体几何模式、不对称的重叠创新剪裁、利落的线条、曲面状的外形相结合，创造出了她鲜明的个人风格。人们用"前卫"、"另类"这样的字眼来形容她永无止境的创意。

除了时装和配饰，川久保玲还花费很大精力投入到视觉设计艺术，广告和店面装潢设计的领域。她与建筑师的杰作——"斜面蓝碎玻璃店面屋顶"让人久久不能忘怀。川久保玲认同，所有这些领域其实是一个视野下的不同部分，因而有着内在的密不可分的联系。

参考文献：

《时装的面貌》[美] 珍妮弗·克雷克.中央编译出版社
《艺术与人文科学》[英] 贡布里希.浙江摄影出版社
《世界服装史》 王受之
《西方后现代服装》包铭新
《服装艺术判断》卞向阳.东华大学出版社
《引爆无限潜能》杨立军.学林出版社
《点亮你创意的灯泡》[美] 韦恩·罗特林顿著.汕头大学出版社
《创意学》陈放.武力.金城出版社
《灵感》[瑞典]费德里克·阿恩.张恒毅译
杂志
《时装设计师》
《时装》
《vouge》
《风采》
《服饰与美容》
《世界时装之苑》
http://baike.baidu.com